2024.11.2

INTRODUCTION TO
SEARCH
ALGORITHM

搜索算法

人工智能如何寻觅最优

龚 超　毕树人　武 迪　著

化学工业出版社
·北京·

内容简介

“人工智能超入门丛书”致力于面向人工智能各技术方向零基础的读者，内容涉及数据素养、机器学习、视觉感知、情感分析、搜索算法、强化学习、知识图谱、专家系统等方向，体系完整、内容简洁、文字通俗，综合介绍人工智能相关知识，并辅以程序代码解决问题，使得零基础的读者快速入门。

《搜索算法：人工智能如何寻觅最优》是“人工智能超入门丛书”中的分册，本分册以通俗易懂的语言风格讲解了搜索算法的相关知识，内容包括算法问题中涉及的基本数据结构和复杂度分析，及状态空间、树、图等较复杂的数据结构；同时，通过相关实例，讲解了各类搜索方法及线性规划与非线性规划；也重点解读了组合优化问题和群智能算法。全书内容包含了搜索算法所能用到的核心方法和技术，另附三个附录，分别讲解了类与继承以及博弈基础等。本书搭配关键代码，是一本适合初学者阅读学习的人工智能（AI）图书。

本书可以作为人工智能及计算机相关工作岗位的技术人员的入门读物，也可以供高等院校人工智能及计算机专业的师生阅读参考，对搜索算法及人工智能方向感兴趣的人群也可以阅读。

图书在版编目（CIP）数据

搜索算法：人工智能如何寻觅最优 / 龚超，毕树人，武迪著 . —北京：化学工业出版社，2023.10
（人工智能超入门丛书）
ISBN 978-7-122-43935-2

Ⅰ . ①搜…　Ⅱ . ①龚…　②毕…　③武…　Ⅲ . ①人工智能 - 算法　Ⅳ . ① TP18

中国国家版本馆 CIP 数据核字（2023）第 145917 号

责任编辑：曾　越　周　红　雷桐辉　　装帧设计：王晓宇
责任校对：宋　夏

出版发行：化学工业出版社
（北京市东城区青年湖南街13号　邮政编码100011）
印　　装：三河市延风印装有限公司
880mm×1230mm　1/32　印张 $7^1/_4$　字数168千字
2023年11月北京第1版第1次印刷

购书咨询：010-64518888　　售后服务：010-64518899
网　　址：http://www.cip.com.cn
凡购买本书，如有缺损质量问题，本社销售中心负责调换。

定　　价：69.80元

前言

新一代人工智能的崛起深刻影响着国际竞争格局，人工智能已经成为推动国家与人类社会发展的重大引擎。2017 年，国务院发布《新一代人工智能发展规划》，其中明确指出：支持开展形式多样的人工智能科普活动，鼓励广大科技工作者投身人工智能知识的普及与推广，全面提高全社会对人工智能的整体认知和应用水平。实施全民智能教育项目，在中小学阶段设置人工智能相关课程，逐步推广编程教育，鼓励社会力量参与寓教于乐的编程教学软件、游戏的开发和推广。

为了贯彻落实《新一代人工智能发展规划》，国家有关部委相继颁布出台了一系列政策。截至 2022 年 2 月，全国共有 440 所高校设置了人工智能本科专业，387 所高等职业教育（专科）学校设置了人工智能技术服务专业，一些高校甚至已经在积极探索人工智能跨学科的建设。在高中阶段，“人工智能初步”已经成为信息技术课程的选择性必修内容之一。在 2022 年实现“从 0 到 1”突破的义务教育阶段信息科技课程标准中，明确要求在 7 ~ 9 年级需要学习“人工智能与智慧社会”相关内容，实际上，1 ~ 6 年级阶段信息技术课程的不少内容也与人工智能关系密切，是学习人工智能的基础。

人工智能是一门具有高度交叉属性的学科，笔者认为其交叉性至少体现在三个方面：行业交叉、学科交叉、学派交叉。在大数据、算法、算力三驾马车的推动下，新一代人工智能已经逐步开始赋能各个行业。人工智能也在助力各学科的研究，近几年，《自然》等顶级刊物不断刊发人工智能赋能学科的文章，如人工智能推动数学、化学、生物、考古、设计、音乐以及美术等的发展。人工智能内部的学派也在不断交叉融合，像知名的 AlphaGo，就是集三大主流学派优势，并且现在这种不同学派间取长补短的研究开展得如火如荼。总之，未来的学习、工作与生活中，人工智能赋能的身影将无处不在，因此掌握一定的人工智能知识与技能将大有裨益。

从笔者长期从事人工智能教学、研究经验来看，一些人对人工智能还存在一定的误区。比如将编程与人工智能直接画上了等号，又或是认为人工智能就只有深度学习等。实际上，人工智能的知识体系十分庞大，内容涵盖相当广泛，不但有逻辑推理、知识工程、搜索算法等相关内容，还涉及机器学习、深度学习以及强化学习等算法模型。当然，了解人工智能的起源与发展、人工智能的道德伦理对正确认识人工智能和树立正确的价值观也是十分必要的。

通过对人工智能及其相关知识的系统学习，可以培养数学思维（mathematical thinking）、逻辑思维（reasoning thinking）、计算思维（computational thinking）、艺术思维（artistic thinking）、创新思维（innovative thinking）与数据思维（data thinking），即 MRCAID。然而遗憾的是，目前市场上既能较综合介绍人工智能相关知识，又能辅以程序代码解决问题，同时还能迅速入门的图书并不多见。因此笔者策划了本系列图书，以期实现体系内容较全、配合程序操练及上手简单方便等特点。

本书以搜索算法为主线，按照如下内容进行组织：第 1 章以棋局为引，介绍了搜索算法与智能、盲目搜索与启发式搜索以及优化的相关概念；第 2 章主要介绍算法问题中涉及的基本数据结构与复杂度分析等内容；第 3 章介绍了状态空间、树和图的一些基本知识；第 4 章围绕具体问题，分别介绍了广度优先搜索算法、深度优先搜索算法、启发式算法以及对抗搜索算法等内容；第 5 章着重介绍线性规划与非线性规划的内容，这些内容是学习人工智能，尤其是机器学习的重要基础之一；第 6 章引入模拟退火与禁忌搜索算法求解组合优化问题；第 7 章介绍了遗传算法、蚁群算法和粒子群算法是如何解决实际问题的案例，也让读者了解到群智能中的竞争、竞合与合作是如何演变成算法的过程。值得注意的是，第 6 章与第 7 章中大部分内容体现了人工智能跨学科的思想，读者可以从这两章的内容中感受到交叉学科解决问题的强大力量。本书的附录部分回顾了类、继承等相关概念，介绍了人工智能博弈基础的相关内容，同时还介绍了 Python 实验室 Jupyter Lab 的使用。

本书的出版要感谢曾提供热情指导与帮助的院士、教授、中小学教师等专家学者，也要感谢与笔者一起并肩参与写作的其他作者，同时还要感谢化学工业出版社编辑老师们的热情支持与一丝不苟的工作态度。

在本书的出版过程中，未来基因（北京）人工智能研究院、腾讯教育、阿里云、科大讯飞等机构给予了大力支持，在此一并表示感谢。

由于笔者水平有限，书中内容不可避免会存在疏漏，欢迎广大读者批评指正并提出宝贵的意见。

龚超

于清华大学

目录

ARTIFICIAL
INTELLIGENCE

第 1 章 搜索的世界

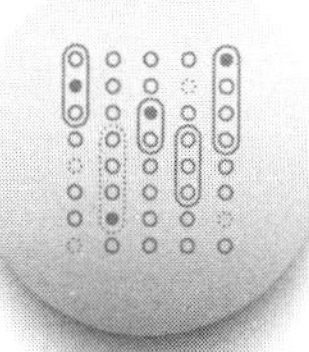

1.1 出“棋”不易

1.1.1 棋技，智力的象征?

1997 年 5 月 11 日，人工智能超级计算机“深蓝”（Deep Blue）终于实现了开发者数十年来的目标，即人工智能首次在国际象棋比赛中击败了世界冠军加里·卡斯帕罗夫（Garry Kasparov），这是人工智能时代的一个新纪元，也是科技史上的分水岭[1]。

人们一直在尝试将人类智慧灌输给人工智能。几百年来，国际象棋都被看成是高智商人之间的游戏。德国著名思想家、作家、科学家约翰·沃尔夫冈·冯·歌德（Johann Wolfgang von Goethe）曾经说过，国际象棋是智力的试金石。法国著名的启蒙思想家、哲学家、作家伏尔泰（Voltaire）也认为国际象棋是最能体现人类智慧的游戏。因为国际象棋需要玩家在处理大量信息的同时进行决策和执行，展现出了人类智慧的极限。

很多专家认为，如果我们可以把机器训练成国际象棋高手，那么也肯定能够解开人类认知的秘密。但也有专家认为，这种想法实际上是一个陷阱，因为混淆了机器智能的表现与实现方法。

智能（intelligence）一词在不同的领域和学科中有着不同的定义，但其基本含义是指具有理解、学习、应用、推理、创造等能力的思维活动。对于人工智能的专业研究人员来说，智能是一个复杂的概念，没有一个明确的结论。

机器智能（machine intelligence）的表现是指机器在某个领域具有复制或超越人类表现的能力，而实现方法则指如何获得这种

---

[1] 对这段历史感兴趣的读者可以参考加里·卡斯帕罗夫所著的《深度思考：人工智能的终点与人类创造力的起点》一书。

能力。在计算机诞生的第一个十年里，研究下棋的机器是最前沿的课题，这也促进了计算机科学和人工智能的发展。克劳德·香农（Claude Shannon）是其中的重要人物之一，在他的论文中提出了关于如何利用通用计算机编写下棋程序的计算原理和程序。这些工作为后来的机器智能研究奠定了基础。

罗伯特·维纳在他 1948 年出版的著作《控制论》中结尾有这样的话："到底有没有可能制造一台会下国际象棋的机器？以及这种能力是否代表了机器和心灵之间潜在的根本区别？"

也有一些学者认为，下棋下得好与智力水平高的联系并不是非常强。在下棋的时候，我们更多的是处理视觉空间信息，而不是解数学题那样的计算。通过可视化对落子做处理，可以提高模式识别能力并将信息打包，以便更好地记忆局面。接下来就是评估阶段，需要理解评估人们所看到的局面，并决定每一步的行动。

虽然通过机器下棋来解开人类认知的秘密是一个过于简单化的想法，但机器在国际象棋领域的进展仍然对机器智能的研究具有重要意义。它不仅促进了计算机科学和人工智能的发展，还帮助我们更好地理解机器智能的本质。

实际上，早在 1956 年人工智能诞生之前，就有国际象棋与机器智能的话题。土耳其机器人，是一台国际象棋机器人，建造于 18 世纪后半叶，在创建后的 80 多年里，它被不同的所有者进行巡回演出，直到 1854 年，当时它所在的博物馆被大火吞噬，机器人也被毁坏。然而这台机器人最终被揭露为一个骗局，里面藏着一个人类棋手来操纵机器，如图 1-1 所示。

虽然土耳其机器人并不是真正的智能机器人，但它透露了当时人们对于机器人思想的好奇和渴望。第一个真正的国际象棋程序由艾伦·图灵（Alan Turing）在 1952 年编写，他利用在纸上手动记录以及计算每个可能的局面和走法实现。

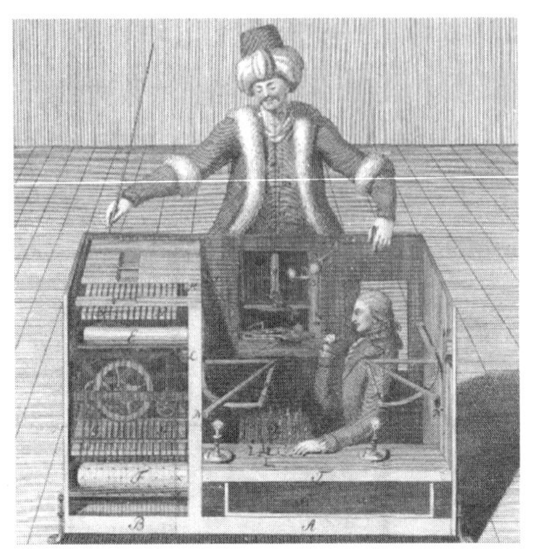

图 1-1　土耳其机器人[1]

与艾伦·图灵共同参与破解密码的唐纳德·米基（Donald Michie）认为，下棋的精彩在于对抗以及事后的回顾与总结，机器让这些不复存在，因为机器是通过强大的搜索而不是精彩的谋略取胜的[2]。

加里·卡斯帕罗夫与唐纳德·米基的观点保持一致，尽管输给了深蓝，但是他认为深蓝的那种所谓的智能方式，与可编程闹钟的工作方式没有区别。因为它不是一台具有人类创造力，能像人类一样思考的机器。它能做的就是每秒去评估约两亿个落子的可能性，并利用强大的计算能力暴力求解。

将过去不可计算的问题纳入到可计算的范围，其实这也是属于人工智能的研究领域。通过开发新的算法和技术，研究人员可以让计算机更好地理解和处理复杂的问题。

---

❶ 图片来源：Untold History of AI: When Charles Babbage Played Chess With the Original Mechanical Turk

❷ Michie D. Brute Force in Chess and Science. Journal of the International Computer Games Association, 1989.

博弈的状态空间复杂度（state-space complexity）是指从博弈最开始的状态可以变化出的符合规则的状态的数量。它与博弈的复杂程度和难度密切相关，因为状态空间复杂度越大，说明博弈中存在更多的可能性和策略，游戏就越困难。

博弈树大小（game tree size）是指可以进行的所有可能博弈的总数。博弈树通常比状态空间复杂得多，因为相同的博弈局面可以通过以不同的顺序移动棋子而在许多游戏中出现。

表 1-1 给出了常见棋类的状态空间复杂度与博弈树复杂度。

表 1-1　部分棋类游戏的状态空间复杂度和博弈树复杂度的估算值

棋类	棋盘大小（格数）	状态空间复杂度	博弈树复杂度
井字棋	9	10^{3}	10^{5}
黑白棋	64	10^{28}	10^{58}
五子棋	225	10^{105}	10^{70}
国际象棋	64	10^{47}	10^{123}
中国象棋	90	10^{40}	10^{150}
围棋 (19 × 19)	361	10^{171}	10^{360}

在国际象棋方面，电脑可以通过快速计算战胜人类。但围棋存在国际象棋所无法比拟的大量变数，包括状态、局势等因素，最重要的是在围棋博弈中，人的直观感受和洞察力可以发挥决定性作用。

国际象棋中，大部分棋子都有较大的机动性，而围棋的棋子则行动相对缓慢。这种差异也会影响到计算机编程的难度。相比之下，国际象棋更容易针对突发情况及时采取补救措施，但是围棋要想实现这一点，需要耗费计算机很大的精力和时间。

在国际象棋中更关注剩余棋子的数量和形势的好坏。在围棋中，影响棋子好坏的因素与位置和布局密切相关。因此，在编写程序时，需要对不同类型的游戏特点进行深入了解，并根据其规则和特点进行相应的算法设计和优化。

因此，长期以来，人们认为围棋是人工智能不可能战胜人类的领域。然而，AlphaGo 的出现打破了这一想法，它利用深度学习和强化学习等技术，在 2016 年击败了世界围棋冠军李世石。这场对弈引起了广泛的关注和讨论，也启示着人们对人工智能的新想象和探索。

1.1.2 搜索 + 评估 = 智能?

尽管现在计算机的发展取得了如此大的成就，但是本质上就是完成了下面两项任务:

- 计算
- 存储

如今的电脑可以执行复杂的数学运算、数据分析，处理大规模的数据集。这些功能可以帮助人们在各个领域中进行创新和研究，例如在医学、金融等领域中使用电脑来模拟和预测结果。

同时，现代计算机也承担了越来越多的交互式任务，比如可以通过图像、声音和手势识别等技术来进行人机交互，使得人们能够更加方便地使用和控制电脑。

另外，人工智能和机器学习等领域的发展也让电脑具备了更强大的智能和自动化能力。通过对大量的数据集和模型进行训练，电脑现在可以识别语音、文字、图像和视频，并对其进行分类、标注和分析。它们也可以通过自主学习和优化算法来提高自己的性能和效果，在一些特定的领域中表现出令人惊叹的水平。

智慧行为是指人和动物在生活中表现出来的智能行为，比如搜索、评估、决策等。这些行为是智能的重要组成部分，而搜索和评估则是其中最基本的两个过程。

不少学者认为智能大体表现为搜索和评估，认为智能行为

中要么有搜索或者评估，要么就是搜索和评估都有。在解空间（solution space）特别巨大时，基本上难完成对所有可能性进行探索[1]。如何有效地评估结果，并对评估结果展开后续的搜索，是人工智能的重要议题之一。

搜索是指寻找信息或者解决方案的过程，而评估则是对这些信息或者方案进行判断和选择的过程。几乎所有的智能行为都至少包含了搜索和评估中的一个或者两个过程。一旦程序得到了当前状态的评估值，它就可以选择最佳的下一步。选择下一步的过程通常涉及搜索算法。所有的智慧行为，几乎都是搜索与评估过程的累积重复和叠加。

20 世纪 40 年代之前，已经有论文探讨国际象棋相关问题，其中一篇著名的博弈论文章，名为《博弈论与经济行为》（*Theory of Games and Economic Behavior*），揭示了国际象棋的可计算性，这个观点在当时是非常超前的。

香农认为国际象棋是一个非常好的计算机测试平台，因为他认为下棋需要一定的规则，涉及赋值，需要评估，并且涉及搜索算法。以至计算机诞生的那一段时间中，研究如何让机器下棋是一个前沿性的课题。由于每一步微小变动都会导致棋局的好坏变化，且国际象棋每一步棋的好坏标准相对来说比围棋更为明确，因此它更适合计算机进行计算和决策。因此，可以说，下棋即搜索。

香农的一个重要贡献是总结了暴力搜索和智能搜索两种搜索技术的区别。暴力搜索是一种穷举的搜索方法，可以搜索每一步可能的下法，但随着搜索深度的增加，计算量会急剧增加。而智能搜索则更像是通过专注于几种更优的下法，并仅仅考虑有限的

[1] 一个优化问题中满足问题约束条件的所有可能性的集合。

更优的下法来确定决策。与暴力搜索相比，这种算法更接近于人类玩家的思考方式。因此，智能搜索被广泛应用于现代国际象棋程序中。

香农是一个真正懂棋的人，他把希望寄托在这种智能型策略上，这种策略可以更有效地思考。与初学者倾向于全面观察整个棋盘不同，机器可以通过算法来快速剔除糟糕的走法并超前看很多步。香农在描述下一代国际象棋程序所需要的各种因素时，包括了规则、全职评估功能和未来可能使用的搜索方法。他提到了极小极大算法，这是一种起源于博弈论，并被用于许多领域的逻辑决策中的算法，这种算法的基本思想是通过一个极小极大系统评估决策的可能性，并将这些决策从最好到最坏进行排序。

1.1.3 AlphaGo 是怎样炼成的?

《自然》杂志于 2016 年 1 月发表了封面文章《利用深度神经网络和树搜索掌握围棋游戏》，介绍了 AlphaGo 的原理 [1]。2016 年 3 月，谷歌旗下的 AlphaGo 击败了人类围棋冠军李世石，真正让人们意识到人工智能发展带来的巨大潜力。

对于一些棋类如国际象棋等，可以使用简单的规则和启发式算法进行评估。这些规则和算法基于棋子间的位置关系来分配分数，并以此作为评估标准。例如，在国际象棋中，每个棋子都有一个预定义的价值，根据棋子的类型和位置关系来确定其分数，从而评估局面。这些规则和算法可以在大多数情况下准确反映当前的胜利状况，因为棋子之间的相对价值是固定的。

由于围棋的棋局数量非常庞大，一些搜索工作对于计算机来说是基本上不可能完成的任务，因为它具有高度的分支因素，这

❶ Silver D, Huang A, Maddison C. et al. Mastering the game of Go with deep neural networks and tree search. Nature, 2016, 529(7587): 484-489.

意味着每下一步棋所面临的可能性很多，而且这些可能性都会影响围棋局势的变化，这使得搜索完整的棋局在计算上变得不切实际。一些学者认为相比于国际象棋，围棋十分复杂，因此人工智能无法战胜人类，或者至少需要百年的目标。然而我们知道，仅约二十年的光景，人工智能就再次刷新了人们对它的认知。

深蓝采用的是 α-β 搜索框架，这个搜索框架是一种传统的人工智能技术，它基于对游戏树的剪枝和评估，能够最大限度地减少搜索空间，找到最优解。同时，深蓝还加入了大量的人类知识，如开局、定式等，使得机器在对弈时能够更加准确地判断和行动。

然而，α-β 搜索框架存在一些缺点。与之不同的是，首先，AlphaGo 采用的是蒙特卡洛树搜索框架，它是一种基于蒙特卡洛方法的搜索算法，能够通过仿真学习，自主探索游戏规则和策略，并进行优化和改进。蒙特卡洛方法是一种基于随机采样的计算方法，可以用于处理概率和统计问题。在 AlphaGo 中，蒙特卡洛方法也被用来处理棋局状态和下棋策略的问题。具体来说，AlphaGo 使用蒙特卡洛树搜索算法对棋局进行搜索，并通过多次随机模拟来评估每种走法的优劣。然后，根据这些模拟的结果，AlphaGo 选择最有可能产生胜利的下棋策略。蒙特卡洛树搜索算法将搜索树扩展到可能的游戏结束状态，由于这个评估是通过随机采样的方式得出的，所以这个方法被称为蒙特卡洛树搜索。

其次，AlphaGo 还训练了一个监督学习策略网络，输入为 3000 万人类对弈棋谱，输出则是落子策略。该网络旨在学习人类的落子策略，以便在后续自我博弈中更好地模仿人类对弈方式。蒙特卡洛方法和深度学习技术的学习和推断，使得 AlphaGo 在围棋方面的实力从业余五段水平进阶到了接近业余顶级水平，然而这还远远不足以诞生震惊全球的人工智能。

最后，AlphaGo 再用监督学习策略网络进行自我博弈，训练出一个强化学习策略网络。强化学习是一种自主学习方法，不需要事先标记好的输入输出数据，它通过观察环境和与环境的交互自行学习，并最终实现目标任务。不同于监督学习策略网络，强化学习策略网络的目标是提高胜率。它通过自我对弈迭代地优化自身的策略，从而提高下棋水平。

因此从技术上来说，AlphaGo 采用的蒙特卡洛树搜索、深度学习和强化学习技术，与深蓝采用的 α-β 搜索框架加人类知识相比，具有更大的发展空间和应用前景，可以说是人工智能三个主流学派（即符号主义、连接主义和行为主义）交叉融合的产物，如图 1-2 所示。

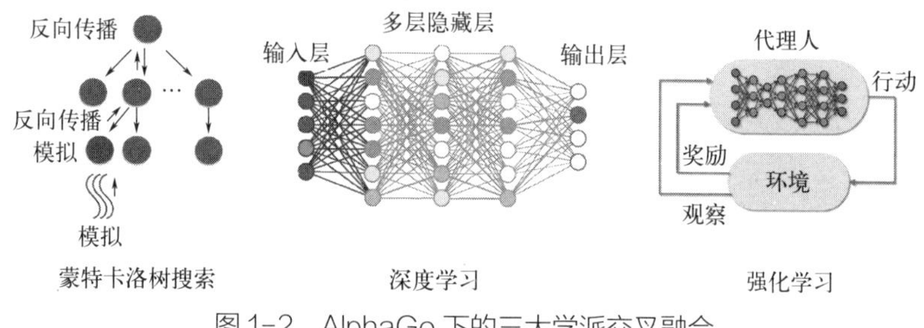

图 1-2　AlphaGo 下的三大学派交叉融合

在山本一成所著的《你一定爱读的人工智能简史》一书中，作者通过引用“守破离”的概念来解释强化学习。在日本剑道和茶道的修业阶段中，“守”指遵从老师和流派的教导和示范，认真掌握基础；“破”指在掌握基础后思考其他老师和流派的教义，并汲取其中优秀的内容来锻炼自己的技术和精神；“离”则是离开原有流派，自创新招式开山鼻祖。作者还以钢琴家为例进行了说明。

类似地，在机器学习中，一个智能系统可能会先以监督式学习，大大提升自身实力，但仍然停留在“守”的阶段。如果不进行进一步的探索，就无法真正达到新的高度。强化学习是一个比较复杂的技术，但是它可以帮助机器系统在不断地试错和学习中找到最佳的策略。“守破离”可以看作是所有智能学习的共通方式。

只有通过不断地学习、试错和创新，才有可能成为某领域内顶尖的选手或专家。

符号主义、连接主义和行为主义学派是人工智能中三个主要学派，它们关注的点各有不同。符号主义学派主要关注人类思维和语言表达的符号与规则的表示和处理方式，连接主义学派则强调人类大脑中神经元之间的相互作用和信号传递以及这种交互背后的机制，行为主义学派则主张研究可观察到的环境刺激对行为的影响以及某些行为模式的形成方式。三个学派应该各自发扬优势，并相互融合，以推动认知科学领域的发展。

因此，在深度学习流行的当下，仅仅关注深度学习技术的应用是不够的，人工智能中需要完成的任务十分多样化，不同的问题需要不同的算法来解决。不同学派下的方法具有互补性，只有交叉融合才能共同解决复杂的问题。

1.2 给盲目一些信息

1.2.1 盲目搜索

搜索问题指的是在一个状态空间中，寻找到达目标状态的一条路径以获得解决方案的问题。搜索问题的基本要素包括初始状态、目标状态、可行的动作以及状态转移函数，通过搜索算法不断尝试动作，来寻找到达目标状态的路径，获取解决方案。迷宫问题可以将每个位置看作是一个状态，状态之间可以通过移动来进行转移，如图 1-3 所示。

盲目搜索（blind search）是指在没有对问题局面进行任何特殊处理或利用任何领域知识的情况下，根据既定的搜索策略遍历状态空间来寻找解决问题的方法。在人工智能中，盲目搜索常被用于在搜索树上寻找最优解或路径。

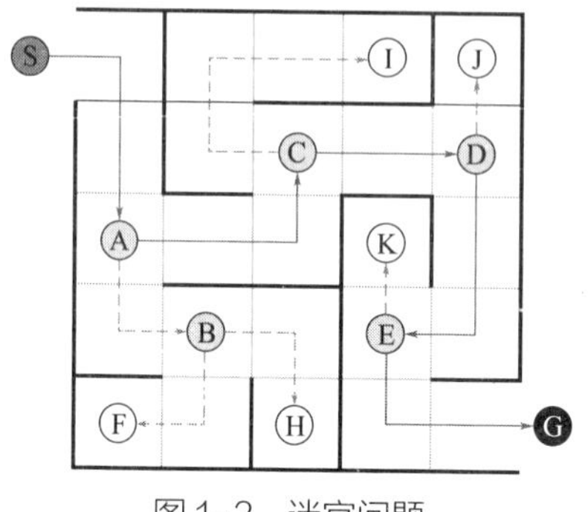

图 1-3　迷宫问题

在盲目搜索中，使用的搜索策略包括广度优先搜索（breadth-first search，简称 BFS）、深度优先搜索（depth-first search，简称 DFS）等等。

广度优先搜索是按照广度遍历方法进行搜索的一种图形搜索算法。从起始节点开始，依次访问与其相邻的节点，接着再访问这些节点所连接到的所有未曾访问过的节点，直到找到目标节点或所有可访问的节点都已被遍历为止，如图 1-4 所示。广度优先搜索算法采取队列来完成节点的遍历操作，即从队列尾部插入元素，从队列头部删除元素。

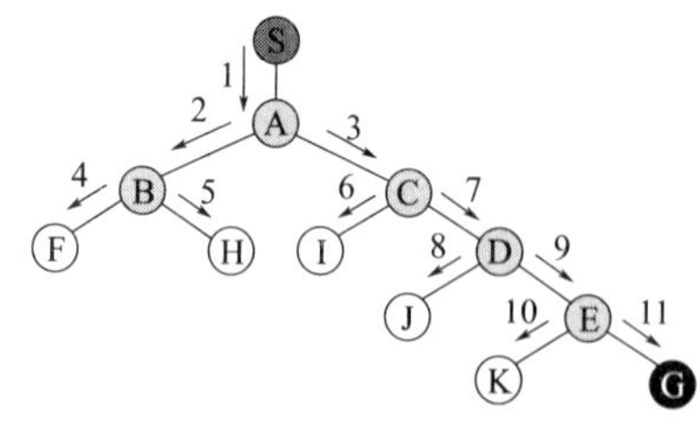

图 1-4　广度优先搜索

广度优先搜索算法是一种保证能找到最优解的搜索算法，因为它首先遍历到的路径就是离起始节点最近的路径。但这种算法

通常需要存储整个状态空间，因此在空间复杂度上消耗很大。

与广度优先搜索相反，深度优先搜索是按照深度遍历方法进行的图形搜索算法。从起始节点开始，依次遍历每一个节点，在到达叶子节点之前，会一直沿着某一个分支递归下去。该算法遍历了整个分支后，再回溯到具有未扩展的邻居节点的节点，如图 1-5 所示。

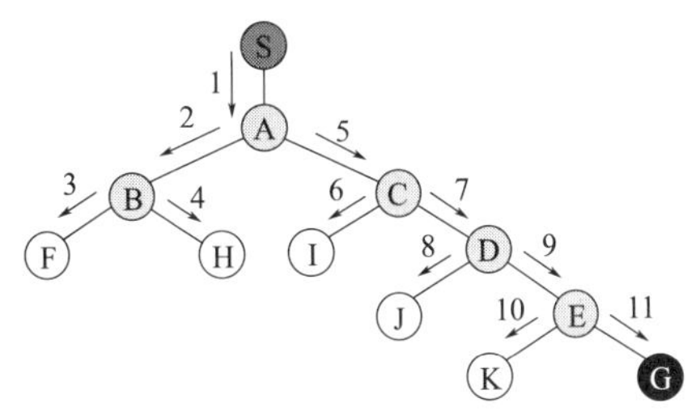

图 1-5　深度优先搜索

深度优先搜索算法虽然不保证能找到最优解，但其空间复杂度比较低，因为它只需要存储一条路径和沿着该路径到达的其他节点。因此，在状态空间比较大的时候，深度优先搜索算法会比广度优先搜索算法更加高效。

1.2.2　启发式搜索

通常情况下，盲目搜索的适用范围比较有限，因为它只考虑了问题的结构，并不知道关于问题的任何附加信息。更多的时候，我们需要启发式搜索（heuristic search），也即有关问题领域的专门知识会被应用在搜索过程中，使得搜索更加高效。

构造一个好的启发式函数的方法是将问题领域的特定知识嵌入到函数中。例如，对于迷宫问题，可以使用欧几里得距离或曼哈顿距离等基于几何原理的启发式函数来指导搜索。在解决地图路径规划问题时，可以使用实际路程或经纬度距离作为启发式函数，以估计到达目标节点的距离。

启发式函数（heuristic function）是一种特殊的评价函数，用于指导启发式搜索算法，在搜索过程中对节点进行排序。启发式函数通过估计从当前节点到目标节点的距离或代价，来指示哪些节点更有可能成为解。

在构造启发式函数时，需要注意以下几个问题：

① 启发式函数要尽可能地接近实际情况，能够比较准确地估算代价，从而更好地指导搜索。

② 启发式函数应该易于计算，避免耗费过多时间和空间。

③ 启发式函数的值需要始终小于等于从起点到目标节点的实际代价，否则算法可能无法找到最优解。

贪婪最佳优先搜索算法（greedy best-first search）是一种基于节点到目标状态的估价函数进行搜索的启发式搜索算法。该算法选择估计函数值最小的节点作为下一个节点，与广度优先搜索、深度优先搜索以及 A* 搜索等算法相比，贪婪最佳优先搜索算法对代价值的估计更加偏向于贪心策略。

贪婪最佳优先搜索算法的优点是相比于其他搜索算法，贪婪最佳优先搜索算法在大多数情况下找到的解都很优秀，并且实现简单。而且由于贪婪算法只需要考虑当前节点的估计距离，因此算法的时间复杂度较低。

贪婪最佳优先搜索算法的缺点是，由于算法只考虑节点到目标节点的估计距离，并未考虑到节点到起始节点的实际代价，因此可能会找到不是最优解的路径。

A* 是一种启发式搜索算法，用于在图形上寻找最短路径。与盲目搜索方法不同，A* 会利用问题领域的特定知识来指导搜索过程，从而提高搜索效率。

A* 算法通过启发式函数来估计距离从当前节点到达目标节点

的代价，以指导算法搜索最有可能达到目标的节点。启发式函数的设计是 A* 算法成功和快速收敛的关键。

1.2.3 博弈中前行

博弈论是研究理性主体之间互动的数学模型，应用广泛，在社会科学、逻辑学、系统科学和计算机科学等多个领域都有应用。博弈论通过建立数学模型来描述人们在进行战略决策时所遵循的原则，并为制定决策提供了一种理性的方式。

在经济学领域，博弈论常被用于研究市场结构、竞争策略等问题；在政治学领域，博弈论则被用于分析国际关系、选举行为等问题；在计算机科学领域，博弈论则被用于设计智能代理和自适应系统等任务。

博弈论在智能体、棋牌、游戏和推荐算法等领域都发挥了重要作用，为这些领域提供了算法和模型。对抗搜索（adversarial search）是人工智能领域中对博弈论的应用，也可以称为博弈搜索（game search）。其目的是在一个竞争的环境中，智能体之间通过竞争实现相反的利益，一方最大化这个利益，另一方最小化。对抗搜索主要应用于两个或多个智能体之间的博弈问题，可以用来解决围棋、象棋、扑克等多种博弈游戏中的最优策略问题。

在对抗搜索中，每个智能体均以自己的目标来评估局面，同时假设对手始终会采取让自己处于劣势的行动，这就需要进行最小化代价和最大化效益的博弈。在搜索过程中，需要以博弈树（game tree）模型对可能的下棋步骤进行穷举，每个节点对应着某个局面，子节点则对应某个下法，以此构成树形结构，从而找出终盘状态下的最佳行动路径。

在对抗搜索中，常用的方法包括：

① 极小极大搜索（minmax search）。在每个节点计算最小代

价和最大效益，不断向下遍历，直到终盘状态并返回积累代价。

② Alpha-Beta 剪枝搜索（pruning search）。是一种对最小最大搜索进行改进的算法，即在搜索过程中可以减去无须搜索的分支节点，且不影响搜索结果。

在对抗博弈中，极小极大搜索是一种利用了极小极大优化思想的回溯算法，此时假设你和你的对手均在最优条件下运行，在决策制定和博弈论中用于寻找玩家的最优移动方案。它广泛应用于两个玩家轮流进行的游戏，如井字棋等。在极小极大搜索中，两个玩家被称为最大化者和最小化者。最大化者试图获得尽可能高的分数，而最小化者则相反，获得尽可能低的分数。每种类型的游戏都使用某些启发式方法计算棋盘的值。

考虑一个游戏，它有 4 个终止状态，并且到达终态的路径如图 1-6 左图所示的 4 个叶子节点。假设您是最大化玩家并且您有机会首先移动，即您位于根位置，您的对手（最小化玩家）位于下一级位置。作为最大化玩家，考虑到您的对手也在最优条件下游戏，您将采取哪些移动呢？由于这是一种基于回溯的算法，它尝试所有可能的移动，然后回溯并做出决策。

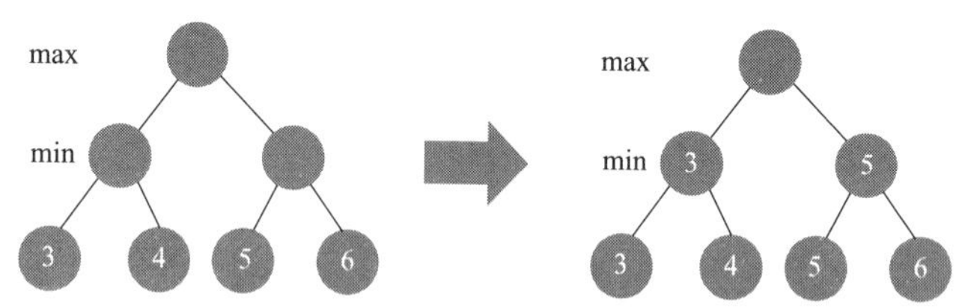

图 1-6　极大极小化搜索

如果最大化者向左下方移动后轮到最小化玩家移动，此时最小化玩家可以选择 3 和 4。作为理性的最小化玩家，他一定会选择两者中的最小值 3。如果最大化者向右移动，最小化者现在可以选择 5 和 6，作为理性的最小化玩家将选择 5，因为它是两个值中最小的值。

作为最大化玩家，此时面对 3 和 5 时将选择较大的值 5，如图 1-6 右图所示。因此，最大化玩家的最佳移动是向右走，最佳值为 5。

Alpha-Beta 剪枝搜索算法是对最小最大搜索的改进，可以减去无须搜索的分支节点，从而使得搜索时间更短。具体来说，该算法通过记录一个 alpha 值和一个 beta 值，在搜索树的遍历过程中不断更新这两个值，以此来剪枝。当某个节点的 beta 值小于其父节点的 alpha 值时，可以直接退出该节点的搜索。这样在搜索过程中可以减少很多无用的分支节点，从而加快搜索速度。

1.3 一切皆可优化

1.3.1 目标与约束

搜索算法要做的就是如何在一个解空间中更好地发现那个能满足目标函数的解，这涉及优化问题。优化问题是指在一定的限制条件下，最大化或最小化一个特定的目标函数。目标函数是优化问题中最重要的概念之一。它描述了需要最大化或最小化的参数或度量标准。优化的目标通常是最大化收益或利润，并且可以在市场、工业或其他领域中应用。例如，在金融投资中，目标函数可能是最大化投资回报率或最小化风险；在制造业中，目标函数可以是最大化生产效率或最小化生产成本；在工程中，目标函数可以是最小化能量消耗或最大化系统稳定性。因此，目标函数的设计取决于问题的特定领域。在人工智能中，机器学习、深度学习背后的实质也是优化问题。

通过实验得到了五个数据点 (x,y)：(1,2), (2,6), (3,5), (4,11), (5,9)，如图 1-7（a）所示，希望通过线性回归分析找出一条和这五个点最匹配的直线 $y=\beta_2 x+\beta_1$。

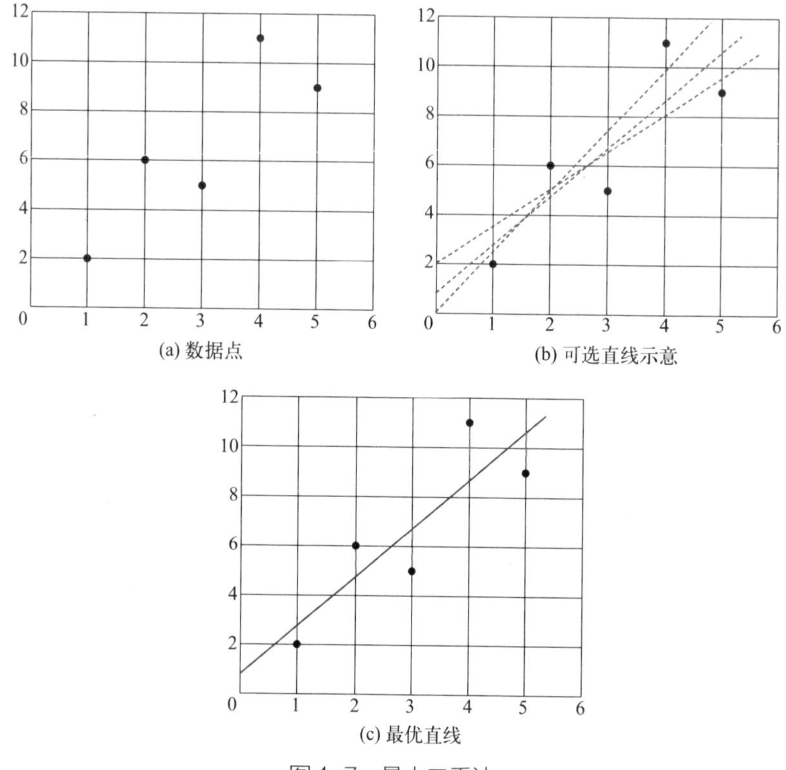
(a) 数据点　(b) 可选直线示意　(c) 最优直线

图 1-7　最小二乘法

这是机器学习的经典问题之一，即线性回归分析。线性回归是用于建立因变量与一个或多个解释变量（自变量）之间的关系，只有一个解释变量的情况称为一元线性回归。根据数据点，实际上可以找到无数条直线，如图 1-7（b）所示，但是哪一条是最优的直线呢？

此时，可以利用最小二乘法（least squares method）解决问题。最小二乘法是一种数学优化建模方法，它通过最小化误差的平方和寻找数据的最佳函数匹配。在线性回归中，最小二乘法通常用于计算拟合直线或平面的参数，使得拟合直线或平面与数据点的误差平方和最小化。

在图 1-7（c）中，虚线部分代表误差，找出使得这些误差的平方和最小的一组参数 (β_1,β_2)，就可以得到最优的直线。

$$\beta_1+\beta_2=2$$
$$\beta_1+2\beta_2=6$$
$$\beta_1+3\beta_2=5$$
$$\beta_1+4\beta_2=11$$
$$\beta_1+5\beta_2=9$$

$$f(\beta_1,\beta_2)=[2-(\beta_1+\beta_2)]^2+[6-(\beta_1+2\beta_2)]^2 \\ +[5-(\beta_1+3\beta_2)]^2+[11-(\beta_1+4\beta_2)]^2+[9-(\beta_1+5\beta_2)]^2$$

通过对 $f(\beta_1,\beta_2)$ 分别求 β_1 和 β_2 的偏导数并令偏导数等于 0，可以建立一个方程组，通过求解方程组就可以得到 β_1=0.9 和 β_2=1.9，因此最匹配这些数据点的直线为 y=1.9x+0.9。

从上文可以看出，回归分析利用最小化均方误差（MSE）等目标函数来求解模型参数和优化模型，实际上，机器学习中几乎所有算法的目标函数都可以被看作是求解最优问题的方式。例如，在分类问题中，通常会使用逻辑回归或支持向量机等算法，其目标是最小化损失函数，例如交叉熵损失函数等。在聚类问题中，通常会使用 K-Means 算法进行模型训练，其目标是最小化簇内平方和等目标函数。此外，还有诸如决策树、神经网络等算法，也都采用了最小化目标函数的方式进行参数学习和模型优化。

约束是优化问题中另一个重要的概念。它定义了方案或参数必须满足的限制，以保证问题的可行性。当存在多个约束时，问题变得更加复杂。例如，在投资中，有可能存在最大可承受风险、最小化费用和最大化收益等多个约束。在这种情况下，找到一个合适的平衡点对于达到最佳解决方案至关重要。因此，理解约束条件的目的和作用，以及如何处理它们，是优化问题的关键组成部分。

优化问题的求解方法有很多，根据求解问题、目标函数以及约束条件的不同，会有不同的解决方案，比如线性规划、非线性规划等技术来求解。为了找到目标函数的最优解，通常需要对目标函数进行求导。目标函数的导数值可以告诉我们当前点处目标函数的相关信息。在大多数优化算法中，包括梯度下降、牛顿方法等，利用目标函数的导数信息来指导搜索。例如，梯度下降算法会利用目标函数的梯度信息来更新当前位置，使其向着目标函数下降的方向前进，如图 1-8 所示。而牛顿方法则通过求解目标函数的二阶导数来指导更新。当目标函数的导数值为零时，就意味着当前点已经是一个局部最优解或全局最优解。

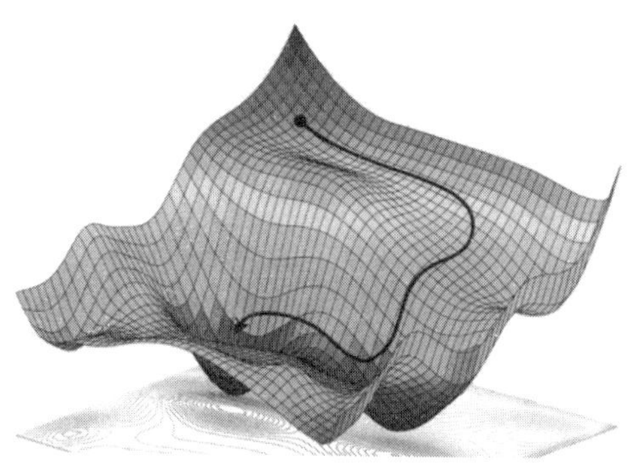

图1-8　梯度下降[1]

在一些情况下，目标函数的导数无法通过解析式计算。这时就需要使用其他优化方法来求解最优问题。在这种情况下，可以考虑使用基于搜索的优化方法，例如模拟退火算法、禁忌搜索算法等。这些方法并不需要求解目标函数的导数，而是通过不断地搜索解空间中的点，并选取当前最优的解来逐步逼近最优解。

---

[1] Amini A, Soleimany A, Karaman S, et al. Spatial Uncertainty Sampling for End-to-End Control. arXiv preprint arXiv, 2018.

1.3.2 蒙特卡洛树搜索

在介绍蒙特卡洛树搜索之前，我们先探讨一个两难的权衡机制。人工智能对环境没有完整认识，不知道每种行为的好坏以及这些行为对后续行为造成的不同后果。因此，在决策的过程中，无法实现计算出最优的策略然后实施，而是需要在干中学，不断摸索以及调整自己的策略以期获得最大的收益。

平衡探索和利用机制非常重要，因为如果只是单纯地选择已探索节点中的最优节点进行利用（exploitation），很容易导致搜索陷入局部最优解中。如果过分注重探索（exploration），又可能导致搜索时间过长，不适用于实时决策问题。

在概率论和机器学习中，多臂老虎机问题（有时也称为 K- 臂老虎机问题）是一个经典案例，展示了探索 - 利用权衡困境。多臂老虎机问题模型描述了一个代理试图获取新知识（称为“探索”）和基于现有知识优化决策（称为“利用”）。

多臂老虎机名称源于想象一个赌徒在一排老虎机前，他必须决定玩哪些机器，每台机器玩几次，以何种顺序玩，以及是否继续使用当前的机器或尝试不同的机器。多臂老虎机问题也属于随机调度的广泛类别。

在该问题中，每台机器根据特定于该机器的概率分布提供随机奖励，这些奖励并不是事先已知的。赌徒的目标是通过一系列拉杆操作来最大化获得的奖励总和。赌徒在每次实验中面临的关键折中是选择具有最高预期回报的机器之间的“利用”和“探索”，以获取更多关于其他机器期望回报的信息。

与盲目搜索不同，启发式搜索算法利用辅助信息进行搜索，Alpha-Beta 剪枝搜索算法利用减少向下探索的路径进行搜索。无论是何种方式，都是比盲目搜索更加高效地进行搜索。如果我们考虑的不是找到最优解，而是求得一个与最优解近似的解，那么就可以通过采样的方式探索后续的结果。这就是蒙特卡洛法在搜索中的应用，即通过采样来估计行动的优劣。

蒙特卡洛方法（Monte Carlo method）可以追溯到 20 世纪 40 年代，它使用随机抽样来解决那些难以用其他方法解决的确定性问题[1]。

布鲁斯·艾布拉姆森（Bruce Abramson）在他 1987 年的博士论文中将极小化搜索与基于随机游戏模拟的预期结果模型相结合，而不是通常使用的静态评估函数。该预期结果模型被证明是精确、准确、易于估算、计算高效和与领域无关的。他深入研究了井字棋，并使用机器生成的评估函数进行了黑白棋和国际象棋的实验[2]。1992 年，贝恩德·勃鲁格曼（Bernd Brügmann）首次在一个围棋程序中使用了蒙特卡罗方法[3]。

在这些先驱的启发下，雷米·库伦（Rémi Coulom）在 2006 年描述了蒙特卡洛方法在游戏树搜索中的应用，并创造了“蒙特卡洛树搜索”（Monte Carlo tree search，MCTS）这个名字[4]。在计算机科学中，蒙特卡洛树搜索是一种启发式搜索算法，用于某些决策流程，尤其是常用于棋盘类游戏。

2016 年 3 月，AlphaGo 在与李世石进行的五局比赛中得分 4 ∶ 1，取得了荣誉 9 段的称号。AlphaGo 代表着对之前围棋程序

---

[1] Nicholas M, Stanislaw U. The Monte Carlo Method. Journal of the American Statistical Association,1949, 44 (247): 335–341.

[2] Christian S, Wolfgang E. Using Back-Propagation Networks for Guiding the Search of a Theorem Prover. Journal of Neural Networks Research & Applications, 1991, 2 (1): 3–16.

[3] Brügmann B. Monte Carlo Go (PDF). Technical report, Department of Physics, Syracuse University, 1993.

[4] Rémi C. Efficient Selectivity and Backup Operators in Monte-Carlo Tree Search. Computers and Games, 5th International Conference, 2007.

的重大改进，也是机器学习的一个里程碑，因为它使用蒙特卡洛树搜索与深度学习的策略（移动选择）和价值，使其效率远远超过之前的程序。

蒙特卡洛树搜索包含以下四个步骤，如图 1-9 所示。

① 选择（selection）。从根节点开始，递归向下选择子节点，直到达到叶子节点。

② 扩展（expansion）。利用扩展策略对所选叶子节点进行扩展，即生成该节点的所有子节点，并随机选取一个未被访问过的子节点。

③ 模拟（simulation）。从选取的子节点出发，模拟扩展搜索树，直到找到一个终止的节点。

④ 回溯（backpropagation）。将模拟结果记录到每个节点的计数器和累积胜率中，然后依次返回到根节点，更新其上层节点的奖励均值和访问次数。

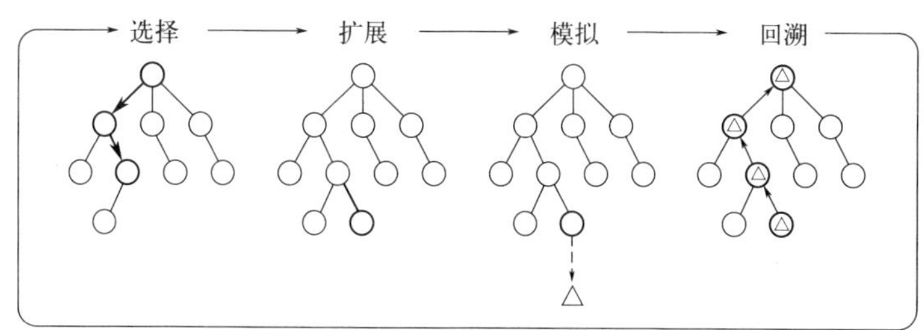

图 1-9　蒙特卡洛树搜索

蒙特卡洛树搜索的优势并不在于穷举搜索空间，而是在于采样决定搜索树的扩展方式。蒙特卡洛树搜索利用随机模拟来评估动作序列，并只考虑有意义的子树进行搜索。相比较于传统的博弈树算法，它能够更高效地处理状态空间复杂度非常大的情况，如围棋等。此外，由于蒙特卡洛树搜索本身具有适应性和灵活性，因此可以应用在多种不同类型的问题和任务中。

1.3.3 群智能

群智能（swarm intelligence）是一种基于生物群体行为的人工智能技术，旨在研究分散的自组织系统中的集体行为，从而解决复杂问题。这个概念得到了社会学、计算机科学和生物学等领域的广泛关注。

群智能系统通常由一群简单的代理组成，这些代理在本地彼此交互并与其环境交互。尽管通常没有集中的控制结构来指示单个代理的行为方式，但是这些代理之间的局部交互作用通常会导致全局行为的出现。这种行为可以产生出群智能的效应，即集体表现比单个成员更为优秀。

群智能模型的设计灵感源于一些具有高度集体感性的生物进化过程，例如蚂蚁聚集寻找食物、鸟群协同飞行等。通过对这些生物群体内部行为的研究，可以获取一些基于局部信息传递的全局优化策略，从而在人工系统中实现类似生物群体的行为。

群智能技术已被应用于很多领域，如机器人控制、数据挖掘、优化问题、社交网络分析（图 1-10）等。可以说，群智能是一种具有广泛应用前景的智能技术，将在未来发挥越来越重要的作用。

一些早期的人工智能先驱们从生物学中借鉴智慧来发展人工智能，这不仅推动了人工智能的发展，也进一步拓宽了生物学的研究范畴。其中，连接主义学派通过沃伦·麦卡洛克与沃尔特·哈里·皮茨的 MP 神经元以及大卫·休伯尔和托斯登·威塞尔的生物视觉等方法，来创造人工神经网络。而进化学派则是通过遗传算法、遗传编程等方式来模拟自然进化过程，解决优化问题。

遗传算法是一种模拟自然界进化过程中优胜劣汰、适者生存原理的求解最优化问题的计算方法，根据问题的特定需求进行染色体编码，通过交叉和变异等方式产生更加优秀的基因组合，通

过评估适应度来筛选优秀的个体，并不断在搜索空间中前行，最终获得问题的最优解，如图 1-11 所示。

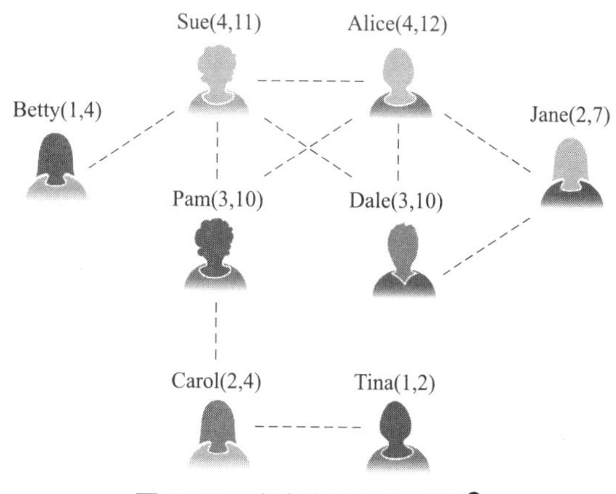

图 1-10　高中生的友谊网络[1]

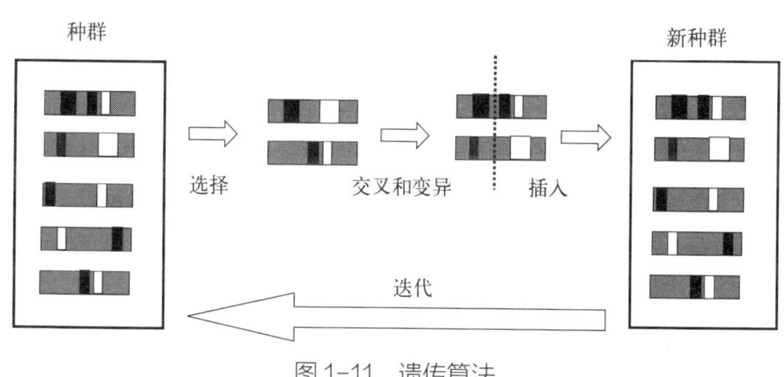

图 1-11　遗传算法

遗传算法起源于 20 世纪上半叶，但是真正成为独立领域并广泛应用则是在 1975 年，随着“遗传算法之父”约翰·霍兰德对自适应性理论的不断研究，在当年提出了遗传算法并出版的《自然和人工系统的适应》（*Adaptation in Natural and Artificial Systems*）

[1] Galesic M, Bruine D B W, Dalege J, et al. Human Social Sensing is an Untapped Resource for Computational Social Science. Nature, 2021, 595, 214–222.

一书中给出了遗传算法的理论框架。

约翰·霍兰德教授的理论贡献奠定了遗传算法的基础[1]。此后几十年间，遗传算法得到了迅速的发展和广泛的应用，不断被改进和拓展，成为演化计算等领域的核心方法之一，应用于工程设计、优化控制、组合优化、数据挖掘等领域，并在实际问题中取得了很好的效果。

蚁群算法可以被看作一个生物学上的启发式算法，通过蚂蚁在搜索空间中的移动来寻找全局最优解。蚁群算法最初在 1992 年由 Marco Dorigo 提出，被认为是解决离散型问题的算法，后来被改进，可以解决连续型问题。

蚁群算法源于蚂蚁在寻找食物时释放出信息素的行为。蚂蚁搜索食物时初始会随机搜索，找到食物后会释放信息素，这个信息素会吸引同伴前来并释放更多的信息素。信息素水平越高，选择这条路径的概率越大，沿着这条路径的蚂蚁越多，这条路径上的信息素量也会增加，如图 1-12 所示。

图 1-12　蚁群算法

[1] 约翰·霍兰德一直认为交叉学科对于人工智能领域的发展至关重要，遗憾是他错过了一次参加达特茅斯会议的机会。

一段时间后，信息素会挥发，从而吸引力大打折扣。因此，蚂蚁在路径上往返的时间越长，信息素能够起到作用的时间就越长。相比之下，一条短路径会被更频繁地走过，因此，短路径的信息素密度会比长路径高。

信息素挥发还有一个好处，就是可以避免收敛到一个局部最优解。当一只蚂蚁找到一条从蚁群到食物来源较短的路径时，其他蚂蚁更有可能沿着这条路径行走，它们也会在这条路径上释放信息素，而正反馈最终会导致这条路径上拥有更多信息素，从而使得更多蚂蚁沿着该路径行走。此时较长路径上的信息素痕迹会随着时间的推移而逐渐挥发。

在蚁群算法中，调整一些参数如信息素蒸发率、信息素沉积率和启发式函数等也可能是具有挑战性的任务。而且，蚁群算法也存在局限性，比如可能收敛速度较慢，以及陷入局部最优解等问题。

1987 年，克雷格·雷诺兹（Craig W. Reynolds）发表了《鸟群、兽群和鱼群：分布式行为模型》，该论文提出了一种模拟生物集群行为的模型，也是最早具有社会特征的生物智能体基模型（agent-based model），如图 1-13 所示，用于模拟真实生物群体之间的集群行为。

该模型通过个体遵守一些简单的规则来产生集群行为，如避免与周围个体碰撞、匹配邻域个体速度等。鸟群聚集模型在许多领域中得到广泛应用，如人工智能、机器人控制、交通流模拟等。

1995 年，美国社会心理学家詹姆斯·肯尼迪（James Kennedy）和电气工程师罗素·埃伯哈特（Russell Eberhart）共同提出了粒子群优化（PSO）算法，受到鸟类群体行为的启发。粒子群优化算法将求解问题的搜索空间与鸟类空间进行类比，每只鸟视为一个示例，与可能解进行关联，将求解最优问题看成是模拟鸟类觅食行为。通过组合局部搜索和全局搜索，粒子群算法可以找到问题的最优解。同时，信息共享是粒子群优化算法中的核心概念，每个粒子要不断地更新自身的位置和速度来搜索最优解，在受到其他粒子影响的同时，还与其他粒子进行信息共享，以帮助找到更好的解。

图 1-13　粒子群算法[1]

粒子群算法是一种元启发式算法，不要求优化问题是可微的。该算法通过集体协作和共享信息，相互竞争，以寻找全局最优解。但粒子群算法并不能保证找到最优解。2001 年，肯尼迪等学者出版了《群体智能》一书，将群体智能的研究推向了新的高潮。

遗传算法通常基于群体智能的思想进行设计，个体之间通过竞争和选择来提高种群适应度，即“优胜劣汰”。在进化过程中，较优秀的个体有更大的机会被选中，继续繁殖下一代，而较劣的个体则可能被淘汰。因此，遗传算法具有明显的竞争性质。

蚁群算法基于蚂蚁在寻找食物时相互合作的行为，寻求最优解时各个个体（蚂蚁）之间表现出相互合作的态势。在搜索过程

---

[1] Reynolds C W. Flocks, Herds and Schools: A Distributed Behavioral Model. In Proceedings of the 14th annual conference on Computer graphics and interactive techniques, 1987.

中，蚂蚁会释放信息素来指引路径，其他蚂蚁会依据信息素浓度选择路径，从而实现相互协作，共同完成任务。

粒子群算法同样是基于群体智能的思想进行设计的，个体之间通过竞争和协作来提高全局效益。在搜索过程中，每个粒子都可以感知到当前搜索状态的最优解，并通过不断调整速度和位置来尝试逼近最优解，在竞争与合作之间取得平衡。

因此，遗传算法偏向竞争，蚁群算法更偏向合作，粒子群算法既具有竞争性，也具有合作性。

第2章

基本数据结构与复杂度分析

2.1 数据关系与数据结构

2.1.1 数据关系

要刻画并应用数据结构，我们要理解数据的逻辑结构和物理结构。逻辑结构是面向问题的；物理结构是面向计算机的，其基本的目标是将数据及其逻辑关系存储到计算机内存中。本节我们并不考虑不同的数据结构如何在计算机中实现，而是主要关注数据的逻辑结构，也即数据元素之间的相互关系。

数据元素之间有四种基本相互关系：集合关系、线性关系、树形关系、图形关系。

集合关系：数据元素除了同属于一个集合，互相之间没有任何关系。它只考虑数据，不考虑关系，是一种松散的数据结构，比如在篮球场上的球员，他们同在球场上，但是互相之间没有连接关系，在球场上的位置可以任意变化。

线性关系：数据元素之间是一对一的关系，一对一的结构是最简单的结构。它只有一个没有前驱、只有后继的节点，叫首节点；只有一个没有后继、只有前驱的节点，叫尾节点；其余的节点都只有一个直接前驱和一个直接后继。比如学校的学生排队时的直线队形，每个学生之间按照高矮顺序排列，再比如军训站好队列从左向右报数，每个同学听其左侧同学报数，而向其右侧同学报下一个数。

树形关系：数据元素之间是一对多的关系，是比较复杂的非线性结构。它只有一个没有前驱、只有后继的节点，叫根节点；有多个没有后继、只有前驱的节点称为叶子节点；其余的节点都只有一个直接前驱和多个直接后继，比如一些企业的组织结构图，或是一些家族的族谱等。

图形关系：数据元素之间是多对多的关系，是更加复杂的非线性结构。它的每一个节点都可能有多个直接前驱和多个直接后继。其关系既可以是单向的，也可以是双向的。比如城市与城市之间的关联，或是网络中人与人之间建立的社交关系等。

2.1.2 数据结构

数据结构是一种存储和组织数据的方法，它是一种在计算机上安排数据的方式，以便可以高效地访问和更新数据。

值得注意的是，数据结构和数据类型略有不同。数据结构是按特定顺序排列的数据类型集合。数据结构通常分为以下两类：

- 线性数据结构（linear data structure）
- 非线性数据结构（non-linear data structure）

为什么需要数据结构？了解数据结构的知识可以帮助您理解每种数据结构的工作原理。基于此，您可以为您的项目选择合适的数据结构，这有助于您编写内存和时间效率高的代码。

在线性数据结构中，元素按顺序一个接一个地排列。由于元素按特定顺序排列，因此很容易实现。然而，当程序的复杂性增加时，由于操作复杂性，线性数据结构可能不是最佳选择。常见的线性数据结构包括数组、栈、队列以及链表等。

线性数据结构具有如下特征：

- 数据项按顺序一个接一个地排列；
- 所有项目都在单个层上；
- 可以在单次运行中遍历；
- 内存利用效率不高；
- 随着数据大小的增加，时间复杂度也会增加。

与线性数据结构不同，非线性数据结构中的元素没有任何顺序。相反，它们是以分层的方式排列的，其中一个元素将连接到

一个或多个元素，如图 2-1 所示。非线性数据结构进一步分为基于图和树的数据结构。

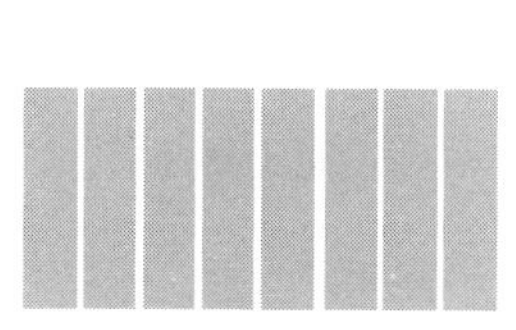

(a) 线性数据结构

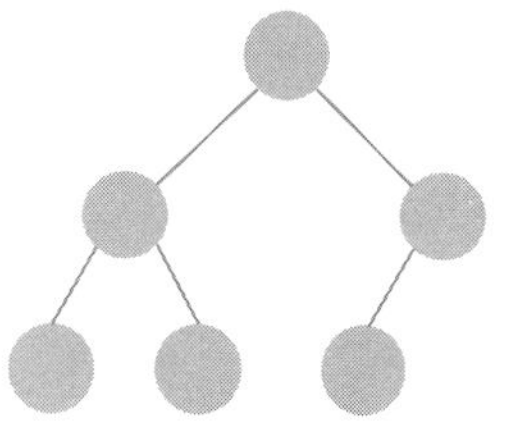

(b) 非线性数据结构

图 2-1　线性与非线性数据结构的区别

非线性数据结构具有如下特征；

- 数据项按非顺序（分层方式）排列；
- 数据项位于不同的层；
- 需要多次运行，即如果从第一个元素开始可能无法在单次遍历中遍历所有元素；
- 不同的数据结构根据需要以不同的高效方式利用内存；
- 时间复杂度保持不变。

2.2　栈与队列

2.2.1　栈

栈（stack），又称为堆栈，是一种线性数据结构，或更抽象地说，是一种有序集合。栈最早出现在计算机科学文献中可以追溯到 1946 年，当时艾伦・图灵（Alan M. Turing）使用术语 “bury” 和 “unbury” 这两个词来调用和返回子程序[❶]。

---

❶ Carpenter B E, Doran R W. The Other Turing Machine. The Computer Journal, 1977, 20 (3): 269–279.

栈的案例在生活、工作和学习中经常可见。比如餐馆中堆砌的盘子，桌面上堆放的一摞书籍等。无论是盘子还是书等其他物品，你可以先从顶部取走一个，然后再取走下一个，如图 2-2 所示。

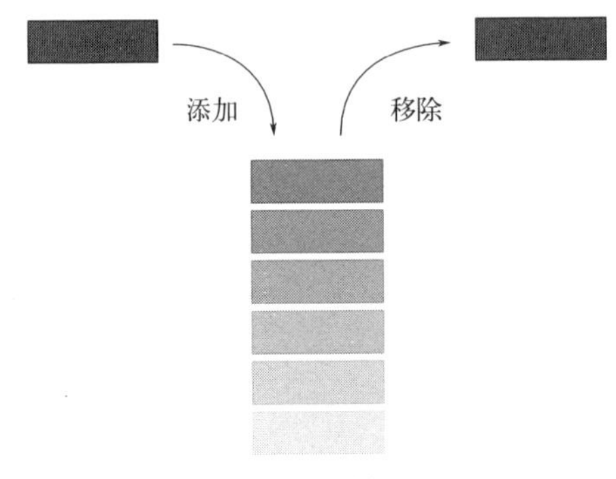

图 2-2　栈的原理

如图 2-2 所示，添加和移除操作仅发生在该结构的一端，即栈顶。与物理物品的堆叠类似，可以轻松地从堆栈顶部取出一个元素，但要访问堆栈中更深的数据，则可能需要先将多个其他元素取出。

栈是一种抽象数据类型，它只允许在线性数据集合的一端（称为栈顶，Top）进行入栈（Push）的添加操作以及出栈（Pop）的删除操作，并且按照后进先出（LIFO, last in first out）的原则进行运算。

栈支持以下操作：

• Stack( )：创建一个空栈，无需参数，返回一个空栈。

• push(item)：将一个元素添加到堆栈的顶部，需要参数 item，无返回值。

• pop( )：从堆栈的顶部移除一个元素，不需要参数，但是会返回栈顶端的元素，并且修改栈的内容。

- peek( )：获取顶部元素的值而不移除它，不需要参数，也不修改栈的内容。
- is_empty( )：检查堆栈是否为空，不需要参数，返回一个布尔值。
- size( )：返回栈中元素的数目，不需要参数，返回一个整数。

栈操作的工作方式如下，如图 2-3 所示：

- 使用指针 Top 来跟踪栈顶元素。
- 在初始化栈时，将其值设置为 −1，以便可以通过比较 Top ==−1 来检查栈是否为空。
- 在推入一个元素时，增加 Top 的值，并将新元素放置在 Top 指向的位置。
- 在弹出一个元素时，返回 Top 指向的元素并减小它的值。
- 在添加前，检查栈是否已满。
- 在移除前，检查栈是否已空。

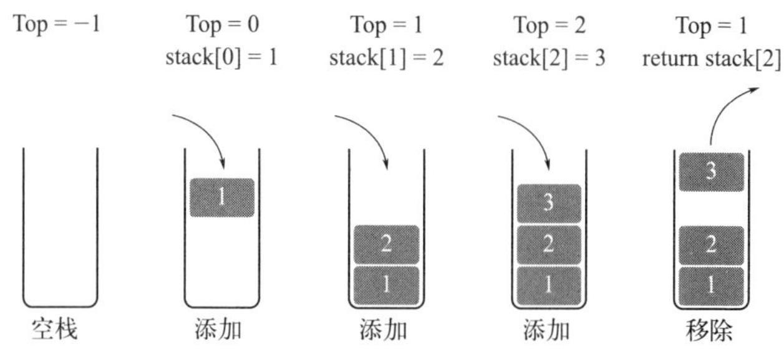

图 2-3　栈操作示意

当我们需要在程序中存储数据时，栈是一个非常有用的数据结构。它的特点是后入先出的原则。

例如，当撤销一个操作时，就是使用栈数据结构的情形。在这种情况下，可以将撤销操作保存在栈中，以便以后回到先前的状态。

栈数据结构通常不提供对存储在不同位置处的元素随意访问。与其他数据结构相比，它更灵活，便于使用，而且应用广泛。

利用 Python 实现栈，代码如下：

```
class Stack:
   def__init__(self):
     self.stack = []

   def push(self, item):
     self.stack.append(item)

   def pop(self):
     if len(self.stack) < 1:
        return None
     else:
        return self.stack.pop()

   def peek(self):
     if self.is_empty():
        return None
     else:
        return self.stack[-1]

   def size(self):
     return len(self.stack)

   def is_empty(self):
     return len(self.stack) == 0
```

栈的操作如下：

```
s = Stack()
s.push('G')
s.push('o')
```

```
s.push('n')
s.push('g')
print("Stack size: ", s.size())
print("Top element: ", s.peek())
print("Pop: ", s.pop())
print("Pop: ", s.pop())
print("Pop: ", s.pop())
print("Pop: ", s.pop())
print("Stack size: ", s.size())
```

结果显示：

```
Stack size:  4
Top element:  g
Pop:  g
Pop:  n
Pop:  o
Pop:  G
Stack size:  0
```

栈数据结构简单易实现，非常实用。栈的最常用途包括：

① 反转一个单词。将所有字母放入一个栈中并弹出，由于栈的后进先出特性，将获得反向顺序的字母。

② 在编译器中。编译器使用栈来计算表达式的值，如2+4/5×(7−9)，将表达式转换为前缀或后缀形式。

③ 在浏览器中。浏览器中的后退按钮将之前访问过的所有URL保存在一个栈中。每次访问一个新页面，该页面将添加到栈的顶部。当按下“后退”按钮时，当前的URL将从栈中删除，然后访问上一个URL。

栈的应用相当广泛，后进先出的特性保证了存储的内容具有一定的顺序性，适合用于反转顺序、计算值等场景。

2.2.2 队列

队列（queue）是另一种常用的数据结构，与电影院、餐厅等场所排队买票或等餐相似，第一个进入队列的人是第一个获得电影票或用餐的人。

队列的插入被限制在后端（rear），移除则被限制在前端（front）。因此，队列遵循先进先出（first in first out ，FIFO）规则。在 FIFO 数据结构中，添加到队列的第一个元素是要被移除的第一个元素。这相当于一旦添加了新元素，所有在其之前添加的元素在新元素移除之前都必须被移除。队列是线性数据结构的一个例子，是一种有序集合。

如图 2-4 所示，由于 1 先于 2 进入队列，所以 1 也是最先从队列中移除的。它遵循 FIFO 规则。将元素放入队列中称为 enqueue，从队列中删除项称为 dequeue。

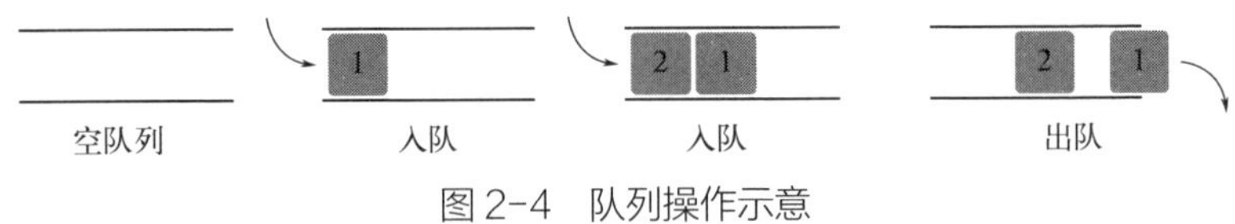

图 2-4　队列操作示意

因为队列是有序集合，根据规则，队列添加操作发生在队列的尾部，移除操作发生在队列的头部，队列支持以下操作：

- Queue( )：创建空队列，不需要参数，返回空队列。
- enqueue(item)：在队列末尾添加一个元素，需要元素作为参数，不返回任何值。
- dequeue( )：从队列前端删除元素，不需要参数，返回一个元素后修改队列内容。
- is_empty：检查队列是否为空，不需要参数，返回一个布尔值。

• size()：返回队列中的元素数目，不需要参数，返回一个整数值。

利用 Python 实现队列，代码如下：

```
class Queue:
   def __init__(self):
     self.items = []

   def is_empty(self):
     return not bool(self.items)

   def enqueue(self, data):
     self.items.append(data)

   def display(self):
     print(self.items)

   def dequeue(self):
     return self.items.pop(0)

   def size(self):
     return len(self.items)
```

队列的操作如下：

```
# 创建一个队列实例
q = Queue()
# 向队列中添加元素
q.enqueue('C')
q.enqueue('h')
q.enqueue('a')
q.enqueue('o')

# 从队列中删除元素
```

```
print(q.dequeue())
print(q.dequeue())

# 检查队列的大小
print(q.size())
q.display()
```

结果显示：

```
c
h
2
['a', 'o']
```

2.2.3 双端队列

双端队列（deque）是一种队列数据结构，允许元素从前面或后面插入和删除。因此，它不遵循 FIFO（先进先出）原则。这意味着，在双端队列中，可以从前面或后面添加或删除元素，而在队列中插入只能在队列末尾进行，删除只能在队列头部进行，如图 2-5 所示。

图 2-5　双端队列操作示意

从某种意义上说，双端队列是栈和队列的结合。双端队列是一种灵活的数据结构，可在某些情况下更高效地解决问题，例如从两个方向分别处理数据的场景。

双端队列数据类型支持以下操作：

- Deque( )：创建一个空的双端队列，无需参数，返回一个空的双端队列。

- init( )：用于初始化队列 items 为空列表。
- is_empty()：用于判断双端队列是否为空。
- add_front(item)：用于从双端队列的前端添加元素，接收一个元素作为参数，无返回值。
- add_rear(item)：用于从双端队列的后端添加元素，接收一个元素作为参数，无返回值。
- remove_front( )：用于从双端队列的前端删除元素，无需参数，返回一个元素，并修改双端队列的内容。
- remove_rear( )：用于从双端队列的后端删除元素，无需参数，返回一个元素，并修改双端队列的内容。
- size()：返回双端队列中元素的数量。

用 Python 实现双端队列，代码如下：

```
class Deque:
   def __init__(self):
     self.items = []

   def is_empty(self):
     return len(self.items) == 0

   def add_front(self, item):
     self.items.insert(0, item)

   def add_rear(self, item):
     self.items.append(item)

   def remove_front(self):
     return self.items.pop(0)

   def remove_rear(self):
```

```
    return self.items.pop()

  def display(self):
    print(self.items)

  def size(self):
    return len(self.items)
```

双端队列的操作如下：

```
d = Deque()
d.add_front(1)
d.add_rear('A')
d.add_front(2)
d.add_rear('B')
d.remove_rear()
d.remove_front()
print(my_deque.size())
d.display()
```

结果显示：

```
1
[1, 'A']
```

2.3 复杂度

2.3.1 衡量算法的效率

算法除了精度、可扩展性和稳定性以外，时间复杂度也是最为关键的考虑因素之一，因为在大数据场景下，需要处理上亿条甚至更多的数据，算法消耗的时间和空间资源对于整个系统的性能和效率都有着重要的影响。什么是时间复杂度呢？简单来说，

时间复杂度（time complexity）是指算法需要消耗多少计算时间。高效的算法是人们梦寐以求的，衡量算法是否高效的指标之一就是其时间成本。

```
import time   # 测试执行时间
start_time = time.time()
s = 0
for i in range(1, 10000001):
   s += i
print(s)
end_time = time.time()
print(" 用时：", end_time - start_time)
```

结果显示：

```
50000005000000
用时： 0.870189905166626
```

```
import time
start_time = time.time()
print(sum(range(1, 10000001)))
end_time = time.time()
print(" 用时：", end_time - start_time)
```

结果显示：

```
50000005000000
用时： 0.17268800735473633
```

第一个程序使用了循环实现求和，第二个程序则使用了 Python 自带的 sum( ) 函数实现求和。运行以上代码，可以得到两个程序的执行时间。经测试，两个程序所需的时间存在很大的差别，第二个程序明显要优于第一个程序，这是因为 Python 底层已经针对一些常见的操作进行了优化。

2.3.2 复杂度的分析

上面的案例中通过运行时间使得我们了解到哪个算法更加优化，然而对于不同的平台来说，仅仅通过执行时间来判定好坏也是片面的，通过对算法时间复杂度进行分析，可以得到一个与具体时间无关的评估标准。对于平衡相关的问题，可以使用这个标准评估算法的执行效率，而不需要关心具体的时间信息。通过这种方式，可以更加全面地了解算法的表现和性能，并选择最优算法来解决问题。

考虑下面的程序，该程序接收一个列表 input_list 作为输入参数，对列表中所有元素进行求和，并返回总和。

```
def calculate_sum(input_list):
  total = 0
  for i in input_list:
     total += i
  return total
```

再看如下的程序，该程序接收一个列表 input_list 作为输入参数，查找其中重复的元素，并将其放入一个新的列表 duplicates 中返回。

```
def find_duplicates(input_list):
  duplicates = []
  for i in range(len(input_list)):
     for j in range(i+1, len(input_list)):
        if input_list[i] == input_list[j]:
           duplicates.append(input_list[i])
  return list(set(duplicates))
```

这两个算法在复杂度的阶（order）上不一样，前者在 for 循环中每个元素都会被访问一次，因此循环的次数与输入列表长度的

大小成正比，属于线性阶。后者在两个嵌套的 for 循环中，每个元素都要和其他元素比较一次，因此循环的次数与输入列表长度的平方成正比，属于平方阶。除了线性阶与平方阶外，往往还有常数阶、对数阶、多项式阶以及指数阶等。

当然，算法并不是恰好执行 n、n^2 次操作，比如有时可能是 $2n+1$ 或 $2n^2+n+1$ 次操作。当工作量可以表达成这种多项式时，主要就是看主导项（dominant），当 n 变得非常大时，除主导项之外的工作就可以忽视了。因为随着 n 变得巨大，多项式的值逐渐向其主导项值逼近。

一种被称为大 O 表示法（big-O notion）的方法常用来表示计算复杂度，这里的“O”表示“阶”，即算法工作复杂度的阶，用大 O 表示法衡量上述两个案例，分别为 $O(n)$ 和 $O(n^2)$，这种对问题复杂度的阶的表达方式使得研究问题变得非常正式。

符号 O 最初由数论学家保罗·巴赫曼（Paul Bachmann）于 1894 年在他的 *Analytische Zahlentheorie*（《解析数论》）一书中引入。该符号在数论学家爱德蒙·兰道（Edmund Landau）的著作中得到了进一步的推广，因此也被称为兰道符号（Landau symbols）。1970 年代，唐纳德·克努特（Donald Knuth）在计算机科学中推广了大 O 符号。

时间复杂度是衡量算法效率的重要指标。通过估算算法的时间复杂度，可以选择最适合解决问题的算法，并做出优化，以使其更有效地解决问题。同时，在算法设计和分析中，时间复杂度也是一个值得重视的考虑因素。

下面是一个查找列表中最小值的代码，可以对该算法进行复杂度分析。

```
def find_min(lst):
  if len(lst) == 0:
```

```
        return None
    min_elem = lst[0]
    for elem in lst[1:]:
        if elem < min_elem:
            min_elem = elem
    return min_elem

lst = [1, 2, -1, 6, 5, 8, 9, -2]
print(" 列表 :", lst)
print(" 最小元素 :", find_min(lst))
```

结果显示：

```
列表 : [1, 2, -1, 6, 5, 8, 9, -2]
最小元素 : -2
```

上面代码中定义的 find_min 函数通过列表的输入，返回该列表中的最小元素。该函数首先检查列表是否为空，如果是，则返回 None。接着，它初始化一个变量 min_elem 为列表中的第一个元素，然后遍历剩余的元素，如果找到比 min_elem 更小的元素，则更新 min_elem 的值。最终，该函数返回 min_elem 的值。

当我们需要在一个列表中查找某个目标元素时，只能从列表的第一个位置开始向后逐个比较每个元素，并查看它是否与目标元素相等。如果在某个位置找到了与目标元素相等的元素，则通过该方法返回 True。否则，继续向下一个位置移动，重复这个过程，直到搜索完整列表为止。如果在最后一个位置仍然找不到目标元素，则通过该方法返回 False。

这种查找方式称为顺序搜索（sequential search）或线性搜索（linear search），因为按照数据存储的线性方式进行查找。虽然它的实现很简单，但它的时间复杂度为 $O(n)$，其中 n 是列表的长度。

有时候，某些算法的性能可能会受到所处理数据的位置影响。例如，顺序搜索算法在列表开头找到目标元素时，相较于在列表末尾找到目标元素，其工作量会更小。因此可以根据数据位置的不同来确定该算法的最好情况、最坏情况和平均情况下的性能。

最好情况指的是，在最理想的情况下，算法的工作量最小化，即算法在被处理的数据中的位置理想时所需的计算次数最少。例如，在顺序搜索算法中，如果目标元素恰好位于列表的第一个位置，则算法只需要进行一次比较就可以找到目标元素，此时的复杂度为 $O(1)$。

最坏情况指的是，在最不理想的情况下，算法的工作量最大化，即算法在被处理的数据中的位置不利时所需的计算次数最多。例如，在顺序搜索算法中，如果目标元素位于列表的最后一个位置或者不在列表中时，则算法需要遍历整个列表才能确定目标元素在不在列表中，此时算法的复杂度为 $O(n)$。

平均情况是指每个可能位置找到目标所需要的迭代次数相加，然后将总和除以 n。针对那些无序排列的数据，只能用顺序搜索来找到目标元素，如果数据有序，则可以考虑使用二分搜索。比如，当用拼音在字典里查找汉字时（假设要查找的字一定在字典中），不需要从第一个字开始查找，可以估计出该字所在的位置后先翻到某一页，根据翻开的位置，可以知道要查找的字是在已翻到的位置前方还是后方，然后再向后或者向前重复这个过程，直到找出该字。不断重复此类过程，最终确定要查找的字在字典列表中的准确位置。

利用 Python 程序可以进行有序列表的二分搜索，代码如下：

```
def binary_search(arr, x):
  low = 0
```

```
  high = len(arr) - 1
  while low <= high:
    mid = (low + high) // 2
    if arr[mid] < x:
       low = mid + 1
    elif arr[mid] > x:
       high = mid - 1
    else:
       print(" 元素在数列中的索引为 ", str(mid))
       return
  print(" 元素不在数列中 ")
```

通过输入列表以及元素进行查找，代码如下：

```
# 测试
arr = [1, 3, 5, 7, 9, 11, 13]
x = 5
binary_search(arr, x)
```

结果显示：

```
元素在数列中的索引为 2
```

在这个算法里，循环最坏的情形发生在不断除以 2 直到商为 1，如果这种情形下需要除以 k 次 2 使得结果为 1，那么有 $\frac{n}{2^k}=1$，所以有 $k=\log_2 n$，所以二分有序搜索在最坏情况下复杂度为 $O(\log_2 n)$。

图 2-6 给出了算法分析中会用到的最常见的复杂度的阶，其中横轴表示问题的规模大小，纵轴表示所需的操作。图中，从左侧的曲线开始按照顺时针的顺序依次为 $n!$, 2^n, n^2, $n*\log_2 n$, $\sqrt{n}$, $\log_2 n$。

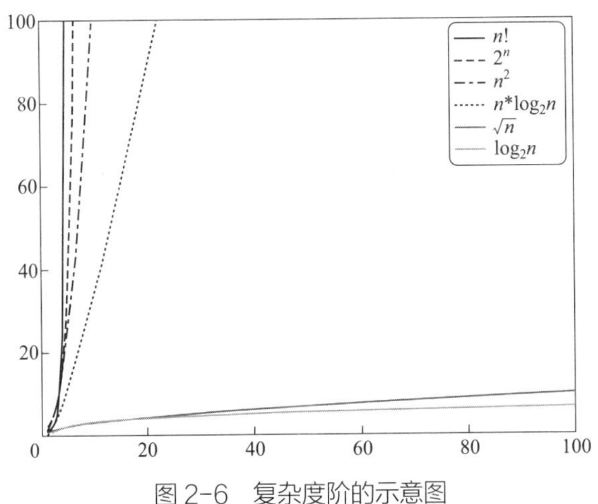

图 2-6　复杂度阶的示意图

第3章

状态空间、树与图

3.1 状态空间

3.1.1 状态的表示

状态空间（state space）是所有可能状态的集合。形式上，状态空间可以定义为四元组（N, A, S, G），其中：N 是一组状态组成的集合；A 是一组操作算子的集合，操作算子让一种状态转化为另一种状态；S 是 N 的非空子集，包含初始状态；G 是 N 的非空子集，包含目标状态。

从 S 到 G 节点的路径称为求解路径（solution path），比如通过一系列操作算子，让状态空间从 S 转换为 G，称这组序列操作算子为状态空间的一个解，例如：

$$S \xrightarrow{A_1} N_1 \xrightarrow{A_2} N_2 \xrightarrow{A_3} \cdots \xrightarrow{A_k} G$$

搜索算法是指从特定问题的解空间中搜索出最优解或者一个可行解的方法。如图 3-1 所示，图中的每一个节点表示一个城市，每条边表示城市到城市之间的路径，边上的数字表示城市之间的距离。如果要找出从城市 A 到城市 G 之间最短的距离，求这个最短距离就是搜索算法需要解决的问题。

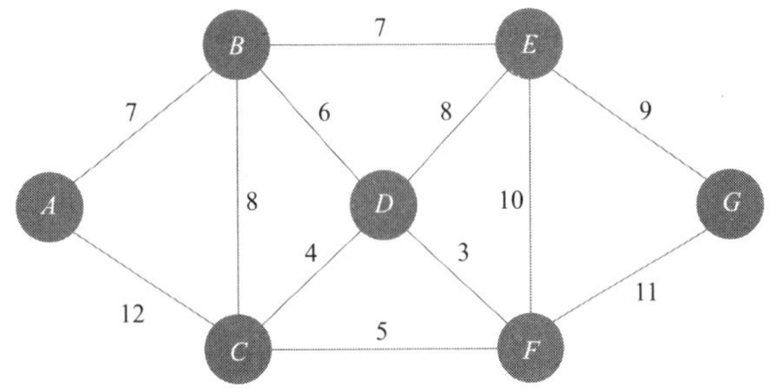

图 3-1　城市最短路径问题

如果要让人工智能明白图 3-1 中所表达的含义，需要转换另一种表达方式，通常会涉及以下概念：

- 状态（state）：是搜索算法中的基本概念，表示问题在某个时间点的情形描述。比如，在图 3-1 所涉及的问题中，所处的位置就是一个状态。问题开始时所在的状态称为初始状态，最终目标要达到的状态称为终止状态或目标状态。
- 动作（action）：是指从一个状态转移至另一个状态的行为，可以是单步移动、变换、替换等操作。例如，在路径规划问题中，动作可以是向左、向右、向上、向下移动一步；在图 3-1 中，动作就是从一个城市到下一个城市。
- 状态转移（state transition）：是指从一个状态经过某个动作到达下一个状态的过程。状态转移规则是搜索算法中的关键部分，它定义了问题中所有可能的状态转移方式。例如，在路径规划问题中，从一个格子移动到相邻的格子就是一次状态转移。图 3-1 中的状态转移是从一个城市抵达另一个城市。
- 成本或代价（cost）：是指从一个状态到另一个状态需要付出的代价或成本。可以是时间成本、空间成本、路径长度、资源消耗等，不同的问题有不同的成本度量方法。图 3-1 中的成本就是路径长度。
- 路径（path）：指从初始状态到目标状态所经过的一系列状态和动作。搜索算法的目标是找到一条路径，使得路径上的成本最小或最优。
- 目标测试（goal test）：判断当前的状态是不是目标状态，比如图 3-1 中，如果当前的状态是 G，则认为通过目标测试，搜索算法完成。值得注意的是，搜索完成并不一定意味着找到最优的解。

3.1.2 迷宫、汉诺塔与八数码

有了状态空间的概念，可以将很多问题表述出来。一个迷宫如图 3-2 所示，从初始状态 S_0 到目标状态 S_G 其实有不同的路径（解）。

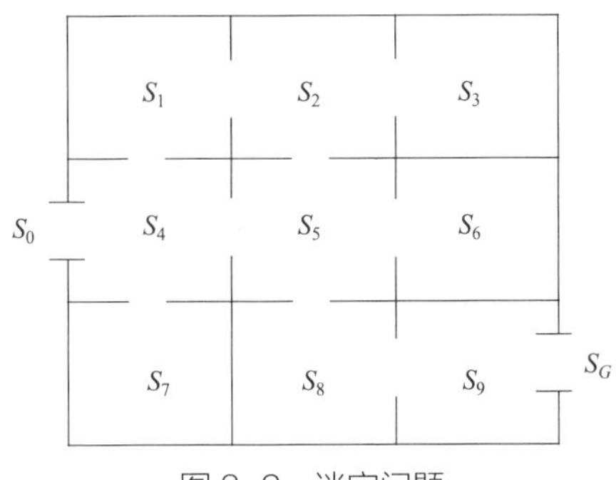

图 3-2　迷宫问题

最短的路径为 $S_0 \xrightarrow{R} S_4 \xrightarrow{R} S_5 \xrightarrow{D} S_8 \xrightarrow{R} S_9 \xrightarrow{R} S_G$，其中，箭头上方的 R 代表向右，D 代表向下。

汉诺塔是一个生活中常见的益智类玩具，由环与柱构成，游戏的目的是要将 A 柱上大环在下小环在上的初始状态，通过每次移动一个环变为在 C 柱上大环在下小环在上的目标状态，其中 B 柱为辅助柱，就是环可以在 B 柱上暂放，如图 3-3 所示。

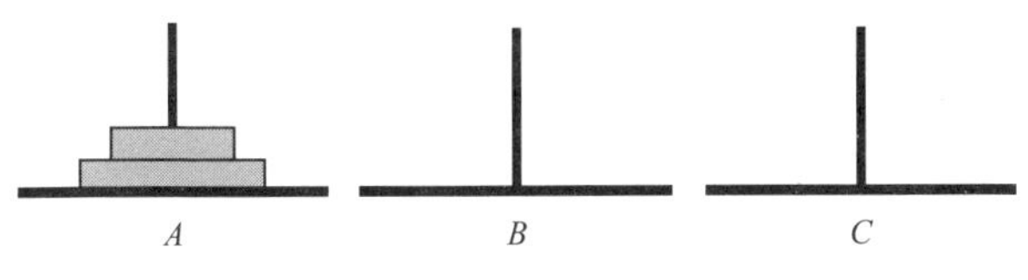

图 3-3　汉诺塔问题

这种只有两个环的汉诺塔，也称为二阶汉诺塔，如果用 S_i=（小环所在柱号，大环所在柱号）表示状态，柱 A、B、C 的柱号分别用 1、2、3 数字表示，S_0 表示初始状态，S_G 表示目标状态，则二阶汉诺塔共有 9 种状态：

$$S_0=(1,1) \quad S_1=(1,2) \quad S_2=(1,3)$$
$$S_3=(2,1) \quad S_4=(2,2) \quad S_5=(2,3)$$
$$S_6=(3,1) \quad S_7=(3,2) \quad S_8=(3,3)$$

八数码问题是由 8 块编号从 1 到 8 的可移动的薄片组成，它们被放置在一个 3×3 的方格盘上，如图 3-4 所示。这个方格盘有一个单元格总是空的，薄片可以水平或垂直地划入到空格中。八数码问题是要找到如何把初始状态变成目标状态的解，图 3-2 描述了八数码的一个初始状态和目标状态，这种状态可以用一组数字进行表示，即初始状态 S_0=(2,8,3,5,6,4,7,0,1)，目标状态 S_G=(1,2,3,8,0,4,7,6,5)。

2	8	3
5	6	4
7		1

(a) 初始状态

1	2	3
8		4
7	6	5

(b) 目标状态

图 3-4　八数码问题

解决八数码问题的方法是一系列适当的移动，比如向下移动 6，再向下移动 8 等。根据上面的描述，解决问题的解可能有很多，当然也可能存在无解的情况。如何利用搜索算法找到一个优质的解，即以最小的代价从初始状态到目标状态，会在后文中再进行介绍。

3.1.3　农夫过河

如图 3-5 所示，一位农夫带着一匹狼、一只羊和一筐菜，要坐船过河到对岸。虽然岸边有一条小船，但是农夫却要自己划船。并且，农夫每次只带一样东西过河。在整个过河的过程中，若农夫不在场，狼会吃羊，羊会吃菜。请问，农夫如何才能让自己和狼、羊、菜全部安全到达彼岸？

狼、羊和菜构成了一个食物链，没有农夫在场，相邻的事物在一起就会出现危险，感兴趣的读者可以自己尝试思考解决方案。然而，这里的本意是要将与这个问题的状态相关的内容进行描述。

0. 初始状态

1. 农夫带羊过河，把狼和菜留在南岸

2. 农夫到达北岸，把羊留在北岸，独自再回到南岸

3. 农夫带狼过河，把菜留在南岸

4. 农夫到达北岸，把狼留下，并带羊回到南岸

5. 农夫把羊留在南岸，带菜过河

6. 农夫到达北岸，把菜留在北岸，独自回到南岸

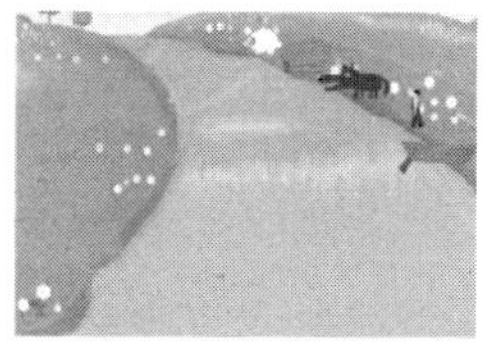
7. 农夫带羊过河，到达北岸，全程结束

图 3-5　农夫过河问题

首先，这个场景中有 4 个对象，将其分别用字母进行表示，假设农夫用 F 表示，狼用 W 表示，羊用 L 表示，菜用 V 表示，那么 (F,W,L,V) 则可以表示成一种状态。

再假设南岸（初始的岸）用 N 表示，北岸用 S 表示，(0, 0, 0, 0) 表示最初农夫、狼、羊和菜均在南岸的初始状态，如果能成功全部到达北岸，则用 (1, 1, 1, 1) 表示目标状态。在这样的假设下，就可以对状况进行描述了。

该场景中的每个对象都有两种情形，4 个对象共有

2×2×2×2=16 种情形，但是有一些情形是危险的，必须排除，否则任务会以失败告终。表 3-1 列举 6 种导致任务失败的情形。

表 3-1　农夫过河状态

危险情形	状态	说明
农夫和狼、羊、菜不在同岸	(0,1,1,1)	农夫在南岸，狼、羊、菜在北岸
	(1,0,0,0)	农夫在北岸，狼、羊、菜在南岸
羊和菜在同岸	(0,0,1,1)	农夫和狼在南岸，羊和菜在北岸
	(1,1,0,0)	农夫和狼在北岸，羊和菜在南岸
狼和羊在同岸	(0,1,1,0)	农夫和菜在南岸，狼和羊在北岸
	(1,0,0,1)	农夫和菜在北岸，狼和羊在南岸

从表 3-1 可以得知，只有 10 种状态属于可行的状态。除了状态约束，也存在状态转移约束，如农夫独自过河、农夫带狼过河、农夫带羊过河、农夫带菜过河，即一次至多能带一样东西过河。

基于以上内容，农夫过河问题的初始状态为（0,0,0,0），目标状态为（1,1,1,1）。所有满足约束条件的状态构成了从初始状态到目标状态的路径，如图 3-6 所示。

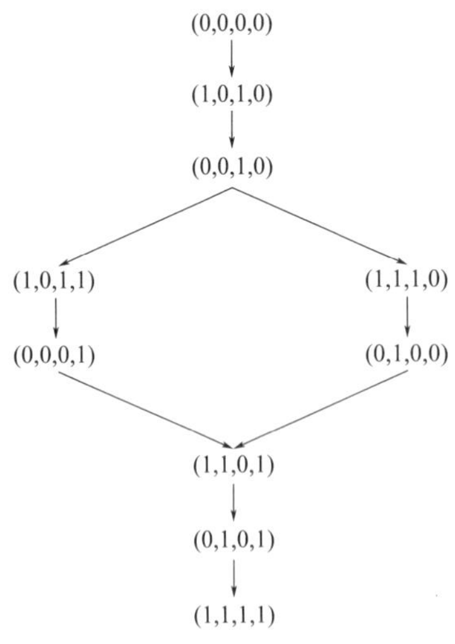

图 3-6　农夫过河状态图

3.2 树

3.2.1 树的基本概念

在人工智能等相关领域，树（tree）是一个十分重要的概念。此树非彼树，尽管与现实中的树称呼相同，并且均具有根、枝、叶，然而现实世界的树根在底部，叶在顶部，人工智能等相关领域的树根在顶部，叶在底部。

图 3-7 给出了生物学中的分类树，从图中可以看到，首先，这种分类具有层次性，即“界→门→纲→目→科→属→种”，越细化的越靠近底部。沿着方框与箭头所指的路径直通底部，并且，在这个分类树的中间层，都可以做一个选择，然后按照选择的路径前行，直到找到对应物种。其次，这种分类具有无关性，也就是一个节点的所有子节点都与其他节点的所有子节点无关，比如猫科就与人科无关。最后，就是独特性，即树的叶子节点都是独一无二的。

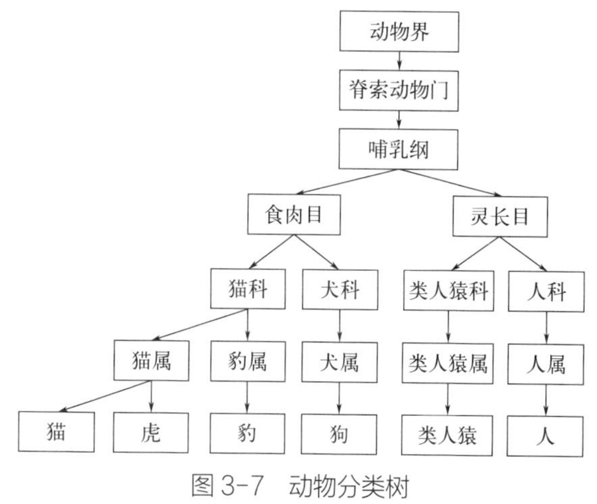

图 3-7　动物分类树

借用动物分类树，对树中的一些概念做一些定义。节点（node）是树的基础组成部分，如图中的方框，根节点（root）是指在树上方没有其他节点在它之前的节点。节点与节点通过边（edge）进行连接，说明它们之间存在关系。值得注意的是，节点上方仅有一条边连接，但是节点往下却可以同时有多条边。

一个节点的下方可连接多个节点，下面的这些节点称为子节点（child），而该节点称为父节点（parent）。最下方没有任何子节点的节点称为叶节点（leaf）。路径是指有边连接的有序节点的列表，比如在图 3-7 中，“动物界→脊索动物门→哺乳纲→食肉目→猫科→猫属→猫”就是一条路径。

一个节点的层数是从根节点到该节点唯一的路径长度。通常，根节点的层数是 0 层，显然“猫”所在的层数为 6。树的高度是节点层数的最大值，因此，图 3-7 的高度为 6。

现实中有很多情形都符合树的结构，比如一些公司、医院以及学校等机构都会出现类似图 3-8 所示的组织结构图，其实这也是一种树的表达方式，其优势是能够让节点间的关系一目了然。

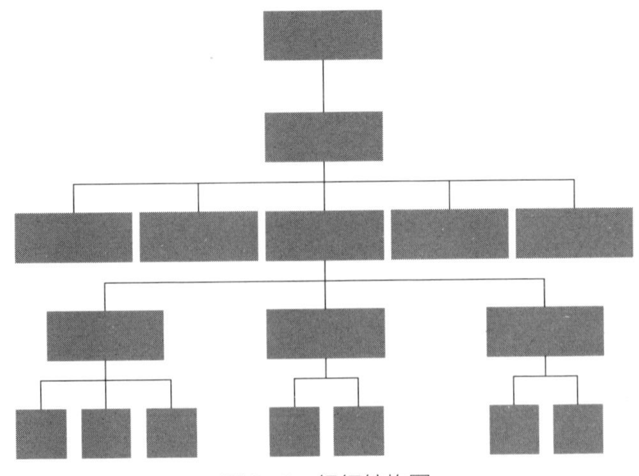

图 3-8　组织结构图

3.2.2 二叉树

前文已经介绍了树中节点（叶节点除外）下方可以有多个节点（大于 2 个节点），这种树也称为普通树（general tree）。假如每一个节点下方最多不超过两个分支，即左子节点（left child）和右子节点（right child），这种树被称为二叉树（binary tree）。

当一个节点只有一个子节点时，在二叉树中仍可以区分其为左子节点或右子节点。但在普通树中，所有的子节点都是平等的，没有所谓的左子节点或右子节点的概念。如果将图 3-9 所示的两棵树看成是普通树，则它们是相同的。但是，二叉树的分支具有左右次序，不能随意颠倒，因此如果将图 3-9 的两棵树看成是二叉树，则它们并不相同。

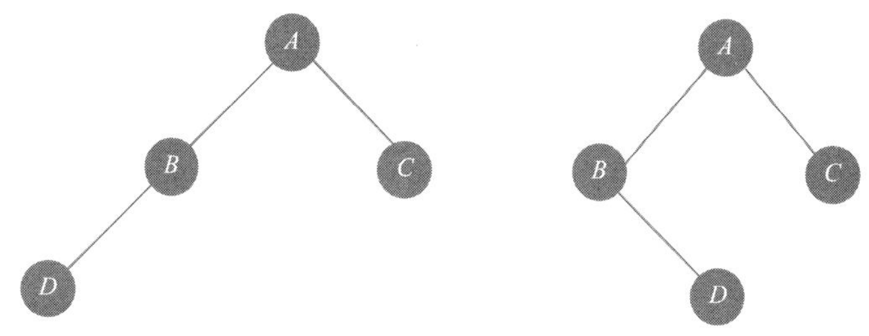

图 3-9 普通树与二叉树的区别

如图 3-10 所示，图中 A、B、C、D、E 都属于二叉树。树 A 属于极端情况，类似于线性结构。与之对应的另一个极端案例，E 是满二叉树（full binary tree），对于给定的高度，它有最大的节点数。

一棵高度为 h 的满二叉树的节点数等于其左子树和右子树中节点数的总和再加上根节点。由于每一层的节点数都是前一层的 2 倍，可以得到以下公式：

$$n = 1+2+4+\cdots+2^h = 2^{h+1}-1$$

当满二叉树高度 $h=1$，节点数 $n=3$；当高度 $h=2$，节点数 $n=7$；当高度 $h=3$，节点数 $n=15$……截至 2020 年，世界人口总数约为 73 亿，如果将人口编号放到二叉树上，仅需 32 层就够了。

图 3-10 中 E 也是完美二叉树（perfect binary tree），其特征是每一层上的节点数都是最大节点数。所有的叶子节点都在同一层。树 B、C、D 属于完全二叉树（complete binary tree），其中除了可能最低的一层是从左侧填充的之外，所有层都是完全填充的。

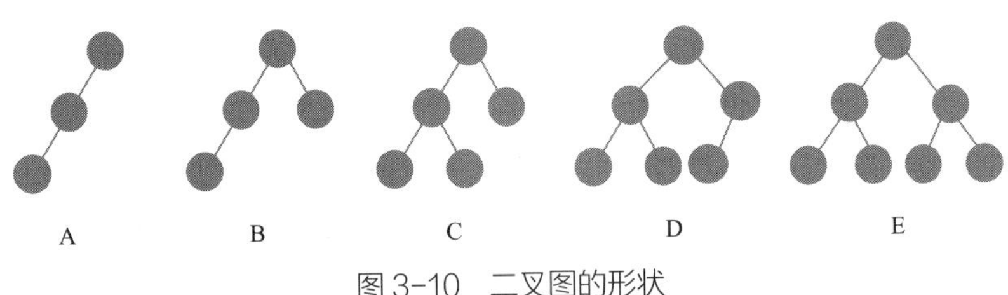

图 3-10　二叉图的形状

完全二叉树与满二叉树非常相似，但有两个主要的区别：

① 所有叶子节点必须向左倾斜。

② 最后一个叶子节点可能没有右兄弟节点（siblings），也就是说，完全二叉树不一定是满二叉树。

当访问树中的每一个节点并且查看它的值时，这种针对所有节点的访问称为遍历（traversal），有 3 种不同的遍历方式，即前序遍历（preorder traversal）、中序遍历（inorder traversal）和后序遍历（postorder traversal）。值得注意的是，遍历其实是一种递归。

前序遍历是从根节点访问开始，然后递归前序遍历左子树，再递归前序遍历右子树（根左右）。如图 3-11 所示，前序遍历的结果：$A \to B \to D \to E \to H \to I \to J \to K \to C \to F \to G$。

中序遍历是先中序递归遍历左子树，然后访问根节点，最后递归中序遍历右子树（左根右）。如图 3-11 所示，中序遍历的结果：$D \to B \to H \to E \to J \to I \to K \to A \to F \to C \to G$。

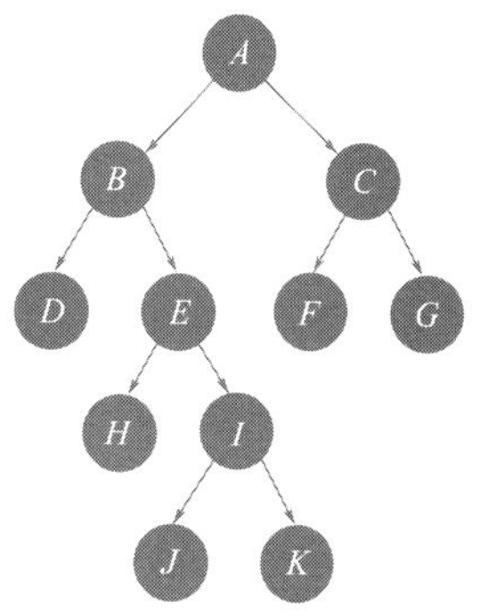

图 3-11　二叉图的遍历

后序遍历是后序递归遍历左子树，然后后序递归遍历右子树，最后访问根节点（左右根）。如图 3-11 所示，后序遍历的结果：$D \rightarrow H \rightarrow J \rightarrow K \rightarrow I \rightarrow E \rightarrow B \rightarrow F \rightarrow G \rightarrow C \rightarrow A$。

二叉树是一种存储数据的数据结构，通常，需要存储大量的排序数据，当这些排序数据增减的时候，二叉树的强大作用就会体现出来，它能在随意增减数据时保留排序功能。

下面的代码给出了定义树的两种方式，读者通过代码可以想象该树的形态。

```
# 字典表示树
tree = {
    'val': 1,  # 根节点
    'children': [
        {
          'val': 2,  # 根的左子树
          'children': [
              {'val': 4, 'children': []},  # 根左子树的左叶
子节点
              {'val': 5, 'children': []}   # 根右子树的右叶
子节点
          ]
```

```
    },
    {'val': 3,  # 根的右子树
    'children': []
    }
  ]
}


# 类表示树
class TreeNode:
  def __init__(self, val=0, children=None):
    self.val = val
root = TreeNode(1)  # 根节点
root.children.append(TreeNode(2))  # 根的左子树
root.children.append(TreeNode(3))  # 根的右子树
root.children[0].children.append(TreeNode(4))  # 根左子
树的左叶子节点
root.children[0].children.append(TreeNode(5))  # 根右子
树的右叶子节点
```

3.3 图

3.3.1 图的基本概念

图（graph）是由顶点和连接两顶点的边构成的图形，相比树而言，图则是一种更加通用的结构，其实树就是一种特殊的图。现实世界中很多问题都可以用图进行表示，比如城市内的道路、城市间的交通、互联网连接等。

图的问题起源于柯尼斯堡七桥问题（seven bridges problem），它是一个历史上著名的数学问题。七桥问题说的是两个岛通过七座桥与陆地相互连接，如图 3-12 所示，问题是能否从这四块陆地中任何一个地方出发，恰好通过每座桥仅一次，最终回到起点。

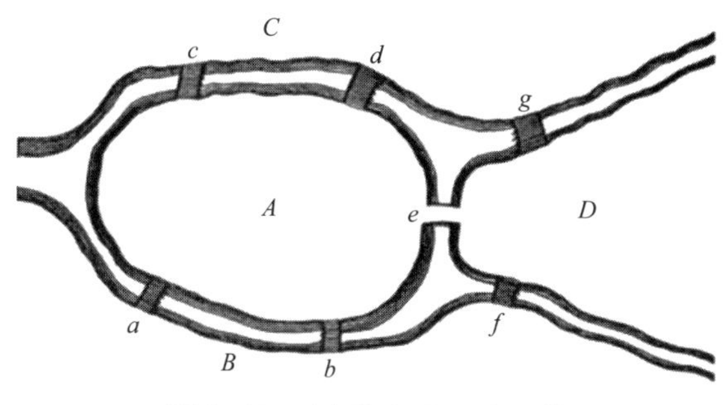

图 3-12　七桥问题图形表示[1]

莱昂哈德·欧拉（Leonhard Euler）在 1735 年证明这种走法是不可能的，并以此奠定了图论的基础，开创了拓扑学[2]。在七桥问题中，欧拉将其归结为“一笔画”问题，认为重要的是路线的选择而不是过桥的顺序。如果将陆地用圆点表示，而桥用线表示，如图 3-13 所示，连接信息是最重要的。这就是拓扑学思想的一种体现，即不考虑具体事物的形态，只考虑它们之间的连接。

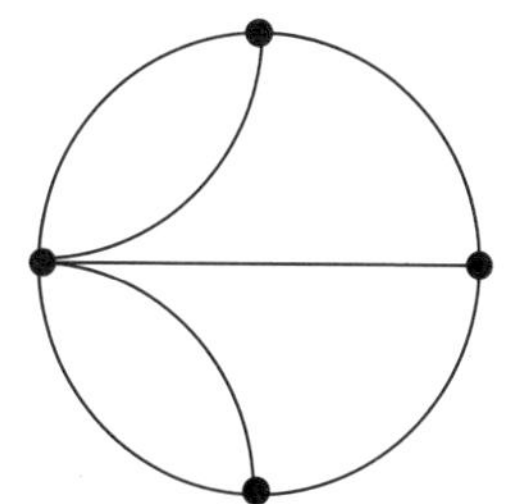

图 3-13　七桥问题抽象表示

[1] Shields, R. Cultural Topology: The Seven Bridges of Königsburg, 1736. Theory, Culture & Society,2012, 29(4-5):43-57.

[2] Euler L. Solutio Problematis Ad Geometriam Situs Pertinentis. Comment. Acad. Sci. U. Petrop, 1736, 8: 128-40.

图涉及几个最基本的概念：首先是顶点（vertex），有时也称节点（node），其次是连接顶点的线，称为边（edge）。图就是由一组顶点和一组边构成的。

根据顶点之间的关系是否有方向性，可以将图分为有向图和无向图。有向图（directed graph）是由一些点和连接这些点的有向边组成的，每条边有一个方向，从一个点指向另一个点，如图 3-14（a）所示。无向图（undirected graph）是由一些点和连接这些点的无向边组成的，每条边没有方向，只表示两个点之间有连接关系，如图 3-14（b）所示。

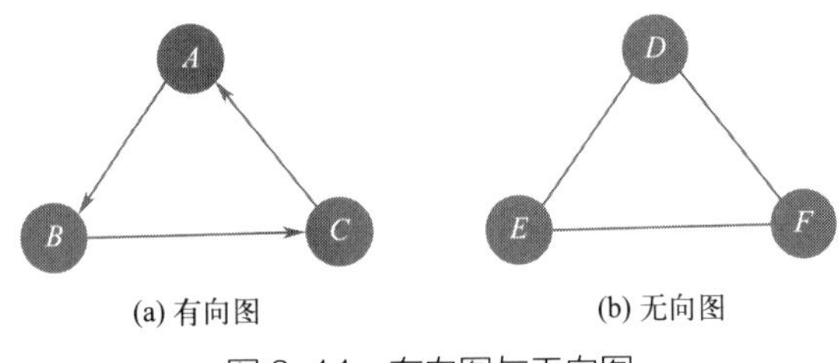

图 3-14　有向图与无向图

需要注意的是，在一个有向图中，由于存在方向性，顶点之间的相邻关系和连通性是不同的概念。在有向图中，如果从顶点 A 到顶点 B 存在一条有向边，则称顶点 B 是顶点 A 的后继，而顶点 A 是顶点 B 的前驱。本书中的讨论如果没有特殊说明，均聚焦无向图。

在图中，顶点和边可以是有标号或无标号的，如图 3-15 所示，图（a）是无标号图，图（b）是有标号图。当边的标号是数字时，这个数字可以视为权重（weight），此时的图称为加权图（weighted graph），如图 3-15（c）所示。

在一些实际应用中，边的权重可能表示两个顶点之间的距离、成本、时间等。例如，在交通网络中，边的权重可能代表路程或行车时间；在社交网络中，边的权重可能代表朋友关系的强度或频率。

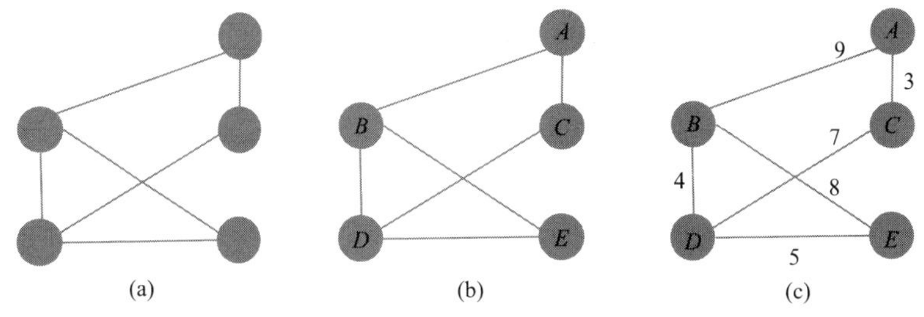

图 3-15　无标号图、标号图和加权图

在图中，如果有一条边连接两个顶点，则这两个顶点就被称为相邻（adjacent）的。这两个点也被称为邻居（neighbor）或相邻节点。路径（path）指的是从图中的一个顶点到达另一个顶点经过的一系列边组成的序列。只有当两个顶点之间存在路径时，才能说一个顶点是另一个顶点的可到达顶点。

如果每个顶点都存在到其他顶点的路径，那么这个图就是连通（connected）的。也就是说，对于任意两个顶点，它们之间都存在一条路径。如果在图中，每个顶点都有到其他所有顶点的边，那么这个图就是完全（complete）的，如图 3-16 所示。

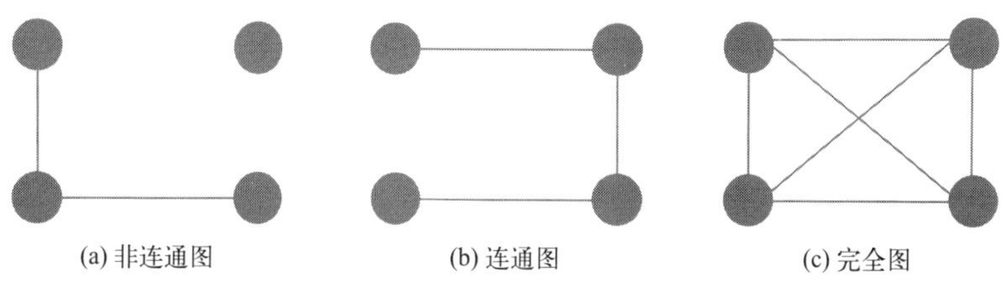

图 3-16　非连通图、连通图与完全图

3.3.2　图的存储方式

常用的两种储存图（顶点和边）的方法是邻接矩阵（adjacency matrix）和邻接表（adjacency list）。

邻接矩阵是将图的信息存储在矩阵中，是表示有限图的正方形矩阵。矩阵元素指示图中顶点对是否相邻。在有限简单图[1]的特殊情况下，邻接矩阵是一个 0-1 矩阵，其对角线上元素为零。如果该图是无向的，则邻接矩阵是对称的。

图的邻接矩阵应与其关联矩阵和度矩阵区分开来，关联矩阵的元素指示顶点 - 边对是否相关，度矩阵包含有关每个顶点的度数的信息。

对于具有 n 个顶点的图，其邻接矩阵为 n 行 n 列的方阵，标号可以分别为 $0,1,\cdots,n$。如果从 i 到 j 存在边，那么矩阵中第 i 行第 j 列的值为 1，如果不存在边则值是 0。

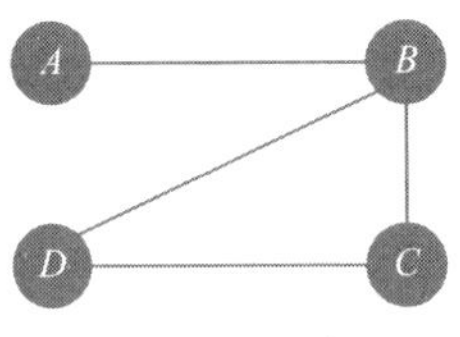

图 3-17　无向图

图 3-17 的邻接矩阵为 4×4 的方阵，每个格子中非 0 即 1，矩阵左侧（起始）以及上方（目标）的字母代表顶点，邻接矩阵如下所示：

$$
\begin{array}{c}
 \\ A \\ B \\ C \\ D
\end{array}
\begin{array}{c}
\begin{matrix} A & B & C & D \end{matrix} \\
\begin{pmatrix}
0 & 1 & 0 & 0 \\
1 & 0 & 1 & 1 \\
0 & 1 & 0 & 1 \\
0 & 1 & 1 & 0
\end{pmatrix}
\end{array}
$$

在有向图的情形下，如图 3-18 所示。

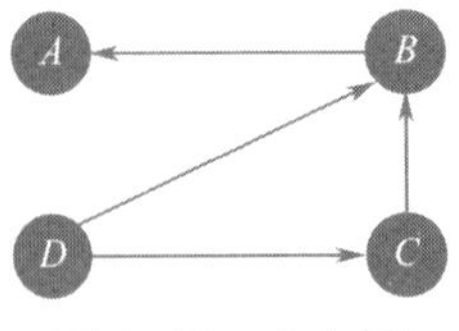

图 3-18　有向图

[1] 简单图（simple graph）是在任意两个顶点之间没有超过一条边的图，并且没有在同一顶点开始和结束的边，即简单图就是没有环路和多条边的图。

该有向图的邻接矩阵如下：

$$
\begin{array}{c@{}c}
 & \begin{array}{cccc} A & B & C & D \end{array} \\
\begin{array}{c} A \\ B \\ C \\ D \end{array} & \begin{pmatrix} 0 & 0 & 0 & 0 \\ 1 & 0 & 0 & 0 \\ 0 & 1 & 0 & 0 \\ 0 & 1 & 1 & 0 \end{pmatrix}
\end{array}
$$

如果图中的边有了权重，如图 3-19 所示，那么邻接矩阵中对应的位置就是权重的数值。

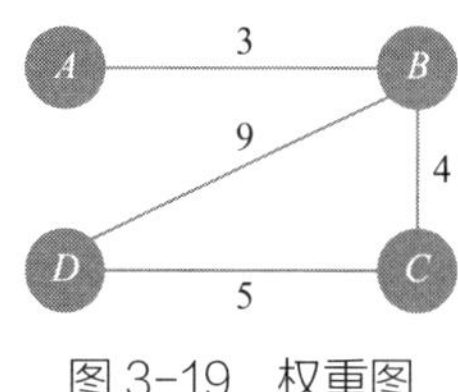

图 3-19　权重图

该权重图的邻接矩阵如下：

$$
\begin{array}{c@{}c}
 & \begin{array}{cccc} A & B & C & D \end{array} \\
\begin{array}{c} A \\ B \\ C \\ D \end{array} & \begin{pmatrix} 0 & 3 & 0 & 0 \\ 3 & 0 & 4 & 9 \\ 0 & 4 & 0 & 5 \\ 0 & 9 & 5 & 0 \end{pmatrix}
\end{array}
$$

邻接矩阵的优点在于其简单，对于小图，邻接矩阵可以清晰快速判断两个节点之间是否相连。由于邻接矩阵需要存储所有边的信息，包括存在的边和不存在的边，所以在遍历图的时候需要检查所有的元素，导致遍历效率低下。对于顶点很多边很少的图来说，矩阵中绝大部分数值是 0，这种稀疏矩阵效率并不高。

为了实现稀疏连接的图，更高效的方式是使用邻接表。在邻接表中，对于每个顶点，都会保存一个主列表，同时对每一个顶点使用一个列表，记录与其相连的顶点及之间的权重。

使用邻接表的好处是可以更高效地存储和处理图数据。由于只记录了相邻顶点之间的连接关系，因此可以避免存储大量不必要的信息，从而减少了存储空间的占用。同时，在查询相邻节点时也可以更快速地进行搜索，因为只需要查找保存在连接表中的相邻节点，而不需要搜索整个图。

图 3-20 展示了图 3-17 所对应的无向图的邻接表。

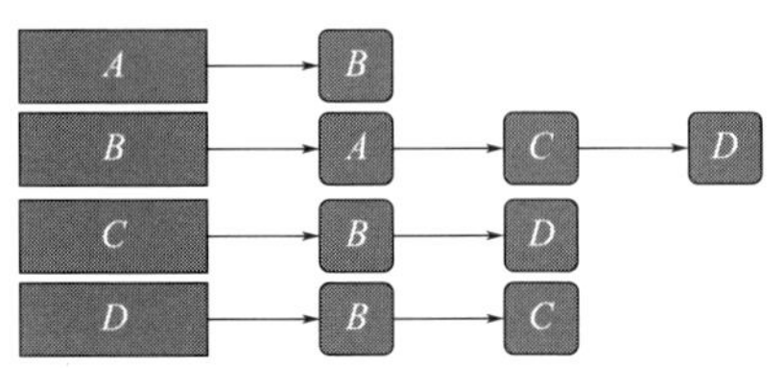

图 3-20　无向图的邻接表

图 3-21 展示了图 3-18 所对应的有向图的邻接表。

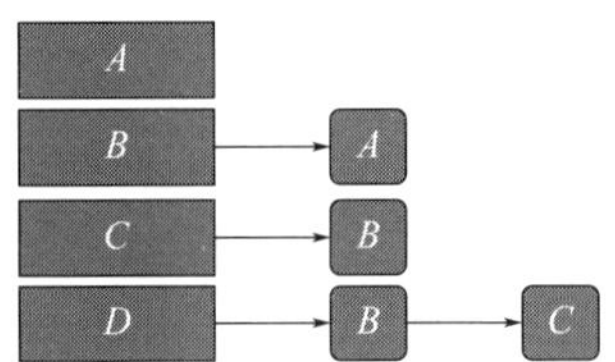

图 3-21　有向图的邻接表

下面的代码给出了用字典定义图 3-19 的方式：

```
# 字典表示图
graph = {
  'A': {'B': 3},
  'B': {'A': 3, 'C': 4, 'D': 9},
  'C': {'B': 4, 'D': 5},
  'D': {'B': 9, 'C': 5},
}
```

下面的代码给出了用类定义图的方式：

```
# 类表示图
# 顶点
```

```
class Node:
   def __init__(self, name):
     self.name = name
     self.neighbors = {}
   def __str__(self):
     return str(self.name)
   def add_neighbor(self, nbr, weight=0):
     self.neighbors[nbr] = weight
   def get_weight(self, nbr):
     return self.neighbors[nbr]
# 图（邻接表形式）
class Graph:
   def __init__(self, direction=False):
     self.nodes = {}
     self.direction = direction
   def add_node(self, node):
     self.nodes[node] = Node(node)
   def get_node(self, node):
     return self.nodes[node]
   def get_nodes(self):
     return self.nodes.values()
   def add_edge(self, orig, dest, weight=0.):
     if orig not in self.nodes:
        self.add_node(orig)
     if dest not in self.nodes:
        self.add_node(dest)
     self.nodes[orig].add_neighbor(dest, weight)
     if not self.direction:
        self.nodes[dest].add_neighbor(orig, weight)
   def get_edges(self):
     edges = []
     for node in self.nodes.values():
        for nbr, weight in node.neighbors.items():
```

```
            edges.append((node.name, nbr, weight))
        return edges
    def print_adj_list(self):
        for node in self.nodes.values():
            neighbors = list(node.neighbors.keys())
            if neighbors:
                print(f"{node.name} -> {', '.join(neighbors)}")
    def print_weights(self):
        for node in self.nodes.values():
            for neighbor, weight in node.neighbors.items():
                print(f"({node.name}, {neighbor}) ->
{weight}")
```

可以根据上述类实现对图 3-19 的定义：

```
# 创建图对象
g = Graph()
# 添加节点
g.add_node("A")
g.add_node("B")
g.add_node("C")
g.add_node("D")
# 添加边
g.add_edge("A", "B", 3)
g.add_edge("B", "C", 4)
g.add_edge("B", "D", 9)
g.add_edge("C", "D", 5)
# 打印邻接表
g.print_adj_list()
# 打印权重
g.print_weights()
```

结果显示：

```
A -> B
B -> A, C, D
C -> B, D
D -> B, C
(A, B) -> 3
(B, A) -> 3
(B, C) -> 4
(B, D) -> 9
(C, B) -> 4
(C, D) -> 5
(D, B) -> 9
(D, C) -> 5
```

第4章

搜索技术

4.1 盲目搜索

盲目搜索（blind search），也被称作无启发式搜索（uninformed search），是指在搜索过程中没有关于搜索空间的任何相关信息，即搜索时并不知道任何有用的启发信息，也不了解路径的内在性质和结构，只能通过尝试各种不同的路径来搜索解决问题的方法。

盲目搜索被认为是最基本和最朴素的搜索方法，也是许多进一步的搜索算法的基础。它适用于解决简单问题和小型搜索空间中的问题。一些广泛使用的盲目搜索策略包括广度优先搜索（breadth-first search, BFS）、深度优先搜索（depth-first search, DFS）等。

4.1.1 广度优先搜索算法

广度优先搜索是康拉德·楚泽（Konrad Zuse）在1945年博士论文中提出的，但直到1972年才发表。1959年，爱德华·F. 摩尔 (Edward F. Moore) 对其进行了再创新，用它来找出走出迷宫的最短路径[1]。

广度优先搜索算法（breadth-first search，缩写为BFS）是一种常用的图形搜索演算法。该算法以根节点为起点，按照层级顺序依次遍历图中每个节点，直到找到目标节点或者所有节点都已被访问。

该算法的目的是将每个顶点标记为已访问，同时避免循环。该算法的步骤如下：

- 第1步：从图的任意一个顶点开始，将其放入队列的后面。

[1] Skiena S S. Sorting and Searching. The Algorithm Design Manual, 2008: 103-144.

- 第 2 步：取出队列前面的元素，并将其添加到已访问列表中。
- 第 3 步：创建该顶点相邻节点的列表，并将未被访问过的节点添加到队列的后面。
- 第 4 步：重复执行步骤 2 和 3，直到队列为空。

让我们通过使用一个具有 5 个顶点的无向图的实例看看广度优先搜索算法是如何工作的，如图 4-1 所示。此外，图 4-1 ~ 图 4-6 中队列的左侧为队首，右侧为队尾。

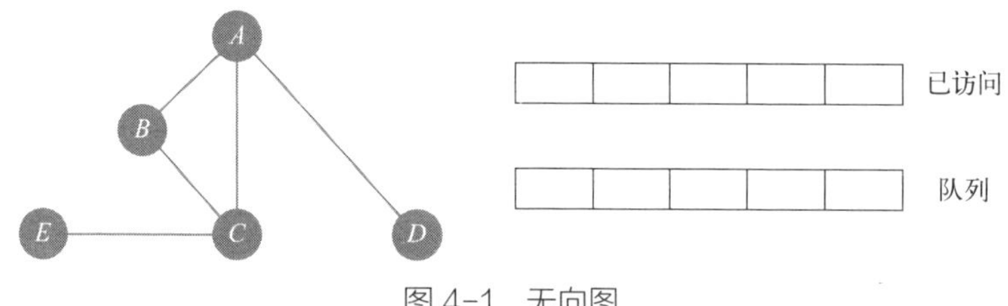

图 4-1　无向图

从顶点 *A* 开始，在广度优先搜索算法中将其放入“已访问”列表中，并将其所有相邻节点放入队列中，如图 4-2 所示。

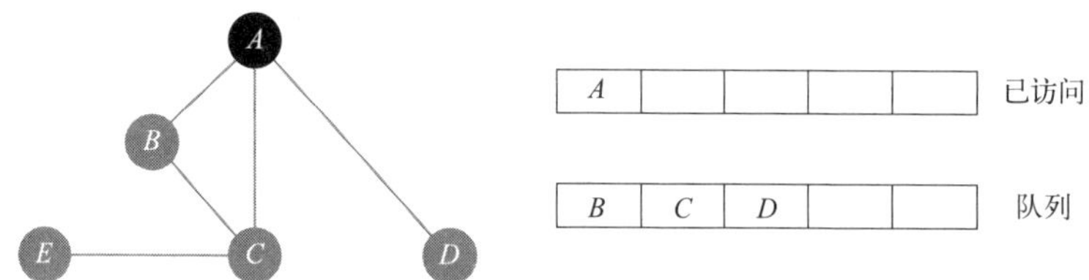

图 4-2　访问初始节点并将其相邻顶点添加到队列中

接下来访问队列前面的元素，即 *B*，然后访问它的相邻节点。由于 *A* 已经被访问过，因此访问 *C*，如图 4-3 所示。

顶点 *C* 有一个未访问的相邻节点 *E*，因此将其添加到队列的后面，并访问位于队列前面的 *D*，如图 4-4 所示。

由于 *D* 的唯一相邻节点 *A* 已经被访问过，所以队列中只剩 *E*，因此下一步访问 *E*，如图 4-5 所示。

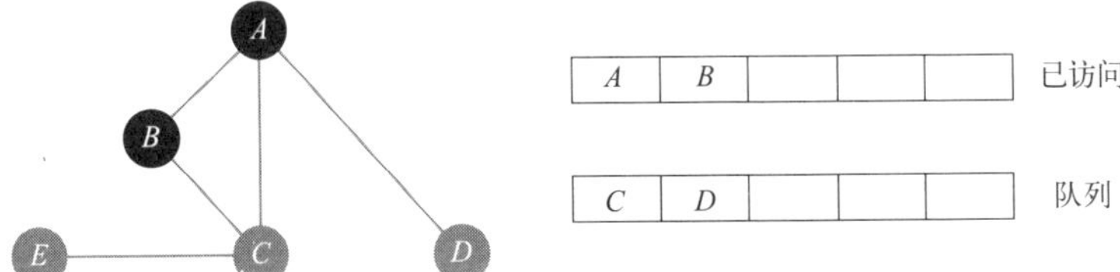

图 4-3 访问初始节点 *A* 的第一个邻点 *B*

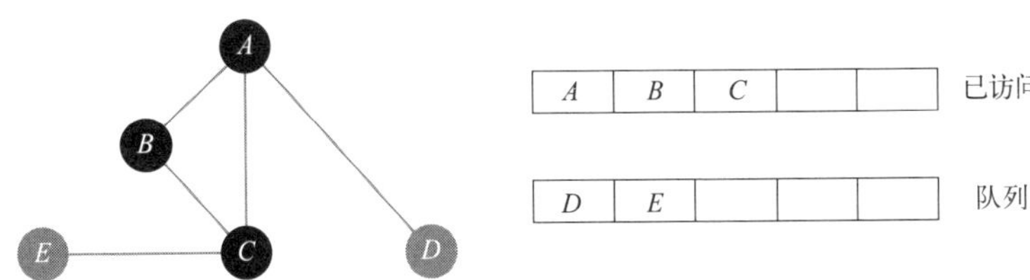

图 4-4 访问 *C* 并添加它的邻点

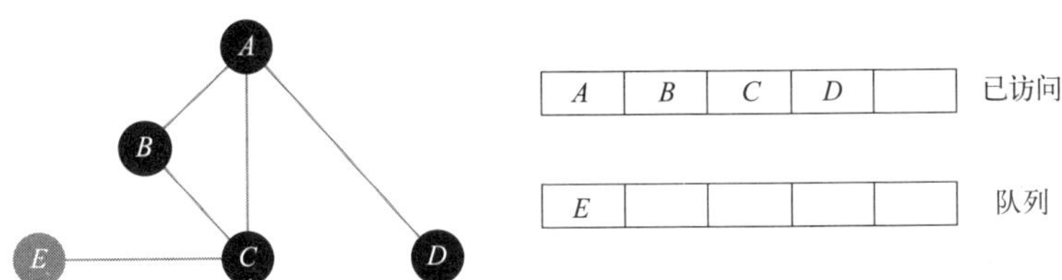

图 4-5 *E* 仍然在队列中

如图 4-6 所示，由于队列为空，已经完成了对该图的广度优先遍历。

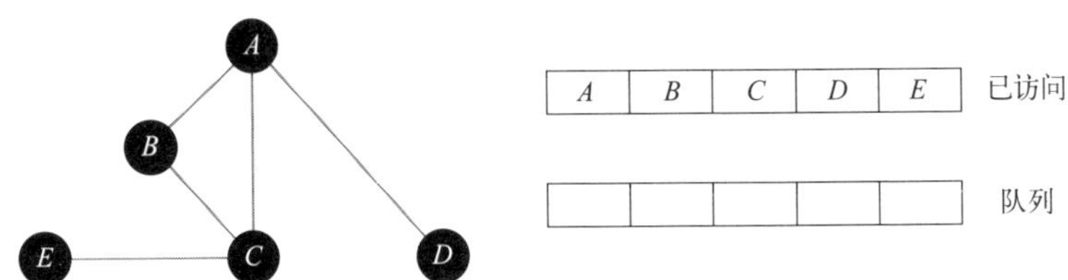

图 4-6 访问队列中最后一个剩余项并检查是否仍有未访问的邻点

```
from collections import deque
def bfs(graph, start):
  visited = set()  # 记录已访问的节点
  queue = deque([start])  # 用队列来实现广度优先遍历

  while queue:
    node = queue.popleft()  # 取出下一个待访问的节点

    if node not in visited:
       print(node)
       visited.add(node)

       for neighbor in graph[node]:  # 将邻接节点放入队列
          queue.append(neighbor)

# 测试
graph = {'A': set(['B', 'C', 'D']),
      'B': set(['A', 'C']),
      'C': set(['A', 'B', 'E']),
      'D': set(['A']),
      'E': set(['C'])}
bfs(graph, 'A')
```

结果显示：

```
A
B
D
C
E
```

由于程序中节点是随机抽取的，因此给出的结果可能与前文中的内容并不一致。

八数码问题的广度优先搜索如图 4-7 所示。在图 4-7 中方格左上方给出了节点的扩展顺序，广度优先搜索算法是一层一层搜索的，其中，解的路径用粗线标注。

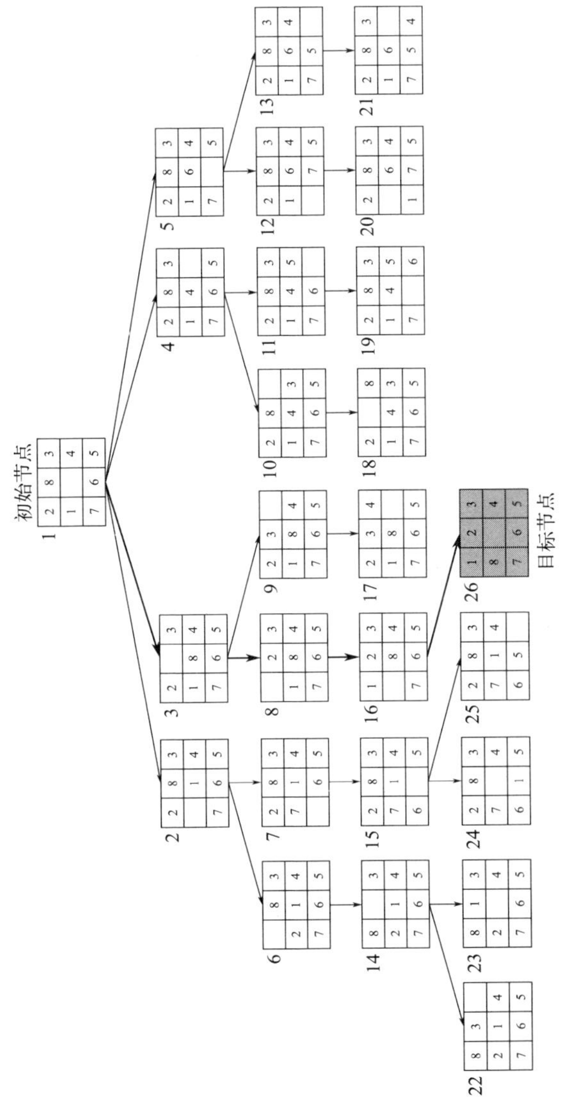

图 4-7　八数码问题的广度优先搜索

如果每次移动的代价相等，比如上例八数码问题中每次只能按照左、上、右、下的顺序移动一步且不能走回头路，那么存在解的情况下，广度优先算法一定可以找到最优的解。因为广度优先搜索在搜索的过程中需要对搜索的结果进行保留，所以搜索空间占用的问题非常突出，随着搜索深度增加而呈指数级增加。

以下是利用广度优先搜索算法解决八数码问题的Python代码：

```
from collections import deque
# 定义初始状态和目标状态
initial_state = [2, 8, 3, 1, 0, 4, 7, 6, 5]
goal_state = [1, 2, 3, 8, 0, 4, 7, 6, 5]

# 定义操作函数
def operation(state, move):
  new_state = state[:]
  index = new_state.index(0)
  if move == 'up':
     if index not in [0, 1, 2]:
        new_state[index - 3], new_state[index] = new_
state[index], new_state[index - 3]
  elif move == 'down':
     if index not in [6, 7, 8]:
        new_state[index + 3], new_state[index] = new_
state[index], new_state[index + 3]
  elif move == 'left':
     if index not in [0, 3, 6]:
        new_state[index - 1], new_state[index] = new_
state[index], new_state[index - 1]
  elif move == 'right':
     if index not in [2, 5, 8]:
        new_state[index + 1], new_state[index] = new_
state[index], new_state[index + 1]
```

```
    return new_state

# 定义广度优先搜索函数
def bfs(start, target, max_steps):
    visited = set()
    queue = deque([(start, [])])
    while queue:
        node, path = queue.popleft()
        if node == target:
            return path
        if len(path) >= max_steps:
            continue
        for move in ['up', 'down', 'left', 'right']:
            new_state = operation(node, move)
            if tuple(new_state) not in visited:
                visited.add(tuple(new_state))
                queue.append((new_state, path + [move]))
    return None

# 执行广度优先搜索
result = bfs(initial_state, goal_state, 20)

# 将移动步骤转化为数值形式并存储在列表 moves 中
moves = [initial_state]
for m in result:
    new_state = operation(moves[-1], m)
    moves.append(new_state)
# 打印结果
if result is None:
    print("在 20 步内找不到路径！")
else:
    print("步数：", len(result))
    print("状态：", moves)
```

结果显示：

```
步数： 4
状态： [[2, 8, 3, 1, 0, 4, 7, 6, 5], [2, 0, 3, 1, 8, 4,
7, 6, 5], [0, 2, 3, 1, 8, 4, 7, 6, 5], [1, 2, 3, 0, 8,
4, 7, 6, 5], [1, 2, 3, 8, 0, 4, 7, 6, 5]]
```

从代码显示的结果看，与图 4-7 显示的结果一致。

4.1.2 深度优先搜索算法

深度优先搜索（depth first search，缩写为 DFS）是一种图形遍历算法，用于遍历或搜索树或图。该算法会从一个根节点开始，沿着每个分支尽可能远地探索，直到该分支已经完全探索过或者在搜寻时节点不满足条件，然后回溯到节点的父节点继续深度优先遍历其他分支。约翰·霍普克洛夫特（John Hopcroft）与罗伯特·塔扬（Robert Tarjan）在 1986 年共同获得图灵奖的原因之一就是提出了深度优先搜索算法。

深度优先搜索算法的步骤如下：

- 第 1 步：从图的任意一个顶点开始，将其放入一个栈的顶部。
- 第 2 步：取出栈的顶部元素，并将其添加到已访问列表中。
- 第 3 步：创建该顶点的相邻节点列表，并将未被访问过的节点添加到栈的顶部。
- 第 4 步：重复执行步骤 2 和 3，直到栈为空。

让我们来看看深度优先搜索算法如何工作。使用一个具有 5 个顶点的无向图进行演示，如图 4-8 所示。此外，图 4-8 ~ 图 4-13 中栈的左侧为栈顶，右侧为栈底。

从顶点 *A* 开始，在深度优先搜索算法中将其放入“已访问”列表中，并将其所有相邻节点放入栈中，如图 4-9 所示。

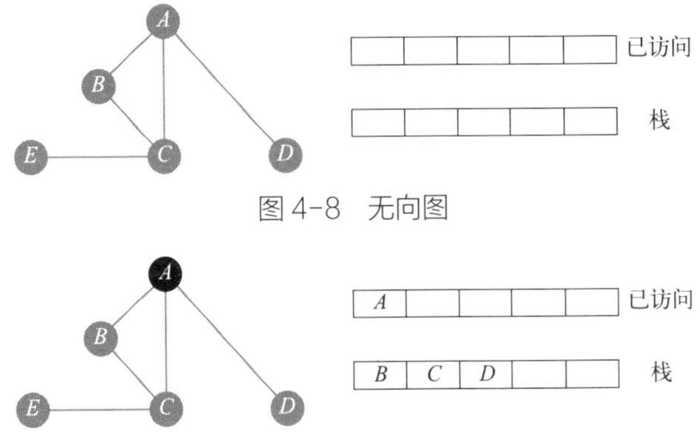

图 4-8　无向图

图 4-9　访问元素并将其放入已访问列表

接下来，访问栈顶的元素 *B*，并前往其相邻节点。由于 *A* 已经被访问过，则访问 *C*，如图 4-10 所示。

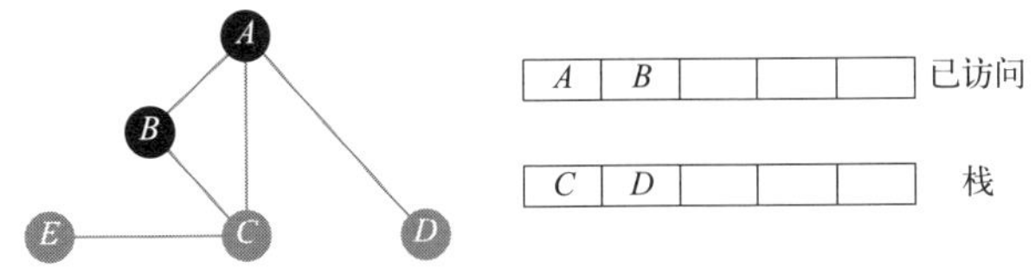

图 4-10　访问栈顶部的元素

顶点 *C* 具有未访问的相邻节点 *E*，因此将其添加到栈的顶部并进行访问，如图 4-11 与图 4-12 所示。

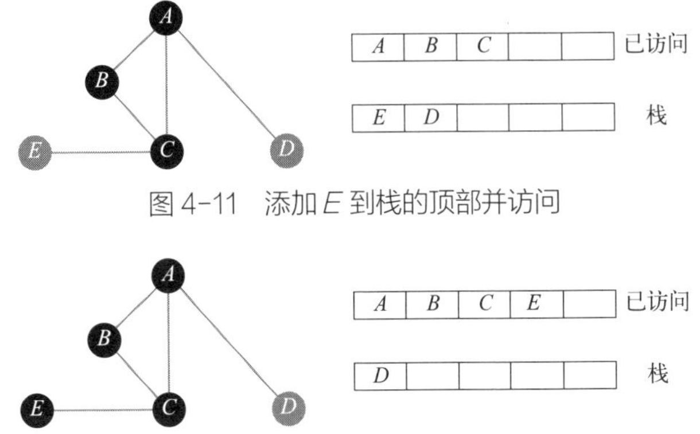

图 4-11　添加 *E* 到栈的顶部并访问

图 4-12　访问元素 *E* 后将其放入已访问列表

当访问最后一个元素 D 时，它没有未访问的相邻节点，因此已经完成了该图的深度优先遍历，如图 4-13 所示。

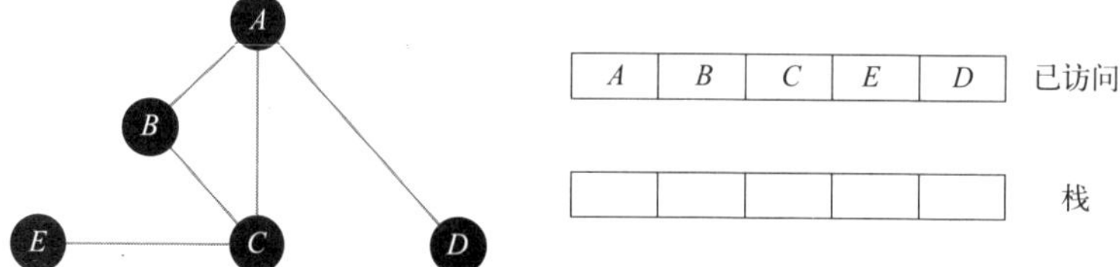

图 4-13　所有元素访问完毕

```
def dfs(graph, start):
  visited = set()  # 记录已访问的节点
  stack = [start]  # 用栈来实现深度优先遍历

  while stack:
    node = stack.pop()  # 取出下一个待访问的节点

    if node not in visited:
      print(node)
      visited.add(node)

      for neighbor in graph[node]:  # 将邻接节点入栈
        stack.append(neighbor)

# 测试
graph = {'A': set(['B', 'C', 'D']),
      'B': set(['A', 'C']),
      'C': set(['A', 'B', 'E']),
      'D': set(['A']),
      'E': set(['C'])}

dfs(graph, 'A')
```

结果显示：

```
A
C
E
B
D
```

由于程序中节点是随机抽取的，因此给出的结果可能与前文中的内容并不一致。

如图 4-14 所示，从初始节点开始，移动到下方的子节点 2，然后再移动至子节点 3，……直至找到目标节点 6。如果没有发现目标节点，则开始进行回溯，即寻找初始节点的其他子节点并一走到底，如此反复。图 4-14 中用粗线给出了解的路径。

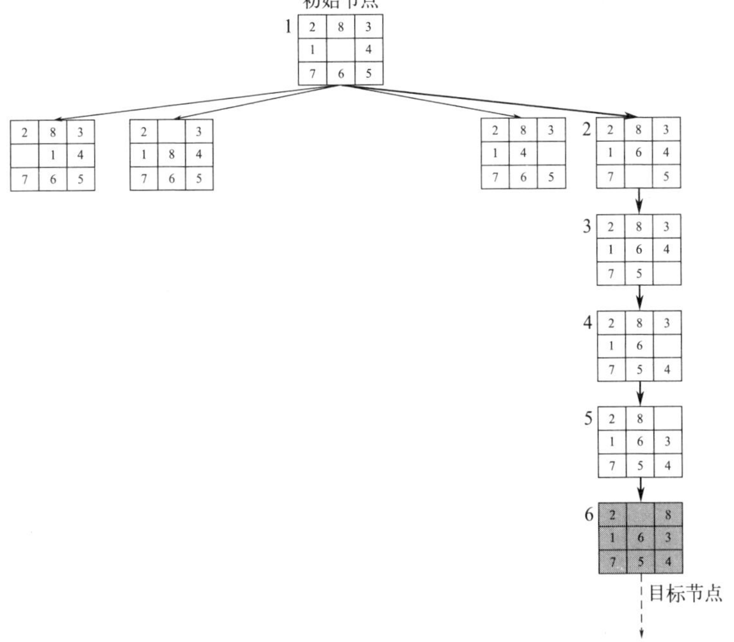

图 4-14　八数码问题的深度优先搜索

深度优先搜索无法保证找到最优解，但是与广度优先搜索相比，可以很大程度上节省存储空间，所需存储空间与搜索深度之间是线性关系。

以下是利用深度优先搜索算法解决八数码问题的Python代码：

```
# 定义初始状态和目标状态
initial_state = [2, 8, 3, 1, 0, 4, 7, 6, 5]
goal_state = [2, 0, 8, 1, 6, 3, 7, 5, 4]

# 定义操作函数
def operation(state, move):
  new_state = state[:]
  index = new_state.index(0)
  if move == 'up':
     if index not in [0, 1, 2]:
        new_state[index - 3], new_state[index] = new_
state[index], new_state[index - 3]
  elif move == 'down':
     if index not in [6, 7, 8]:
        new_state[index + 3], new_state[index] = new_
state[index], new_state[index + 3]
  elif move == 'left':
     if index not in [0, 3, 6]:
        new_state[index - 1], new_state[index] = new_
state[index], new_state[index - 1]
  elif move == 'right':
     if index not in [2, 5, 8]:
        new_state[index + 1], new_state[index] = new_
state[index], new_state[index + 1]
  return new_state

# 定义深度优先搜索函数
def dfs(state, path, max_depth):
```

```
  if state == goal_state:
     return path
  if len(path) >= max_depth:
     return None
  for move in ['up', 'down', 'left', 'right']:
     new_state = operation(state, move)
     if new_state not in path:
        result = dfs(new_state, path + [new_state],
max_depth)
        if result is not None:
           return result
  return None

# 执行深度优先搜索
result = None
for depth in range(1, 21):
  result = dfs(initial_state, [initial_state], depth)
  if result is not None:
     break

# 打印结果
if result is None:
   print("Cannot find a path within 20 steps!")
else:
   print("Steps: ", len(result) - 1)
   print("Moves: ", result)
```

结果显示：

```
Steps:  5
Moves:  [[2, 8, 3, 1, 0, 4, 7, 6, 5], [2, 8, 3, 1, 6,
4, 7, 0, 5], [2, 8, 3, 1, 6, 4, 7, 5, 0], [2, 8, 3, 1,
6, 0, 7, 5, 4], [2, 8, 0, 1, 6, 3, 7, 5, 4], [2, 0, 8,
1, 6, 3, 7, 5, 4]]
```

从代码显示的结果看，与图 4-14 显示的结果一致。

4.2 启发式搜索

启发式搜索（heuristic search），也称为有启发信息的搜索（informed search），是一种利用问题本身之外的信息来指导搜索过程的算法，正是因为其利用启发信息来指导搜索，因此其搜索过程被称为启发式搜索。启发式搜索可以减小搜索范围，降低问题的复杂度，因此被广泛应用于各个领域中。

4.2.1 贪婪算法

贪婪算法（greedy algorithm）是一种问题解决方法，其特点是每阶段都选择局部最优解，希望通过这种方式最终达到全局最优解。在许多问题中，贪婪算法并不总是能够得到全局最优解，但是可以在合理的时间内产生近似于全局最优解的局部最优解。如找零钱问题，如果只考虑使用最大面额的硬币找零，那么可能会导致找零数量不是最小的结果。因此，在某些场景下，需要结合其他算法以获得最优解。

贪婪算法是一种简单而有效的算法，特别适用于需要寻找可行局部最优解的问题。它与动态规划最本质的区别就在于它们解决问题的思路和过程。贪婪算法每次都选择当前看来最优的解，不需要使用表格来记录中间状态，具有更小的空间复杂度。而动态规划则会保存前面的计算结果，并利用之前的结果进行比较、选择，从而达到最优化的目的，消耗空间相对较大。

更具体地说，贪婪算法在解决问题时不会回溯以前的选择，只不断地依据当前状态做出最优解决方案，而动态规划则利用之前的运算结果进行比较、选择。因此，贪婪算法对当前状态做出选择，不能回退，没有后效性，而动态规划有保存的之前的结果，具有回溯和后效性。

最小生成树是一类经典的图论问题，其目标是找到一棵包含所有图节点并连接它们的最小权重树。为了解决这个问题，人们发展出了两种经典的算法：Prim 算法和 Kruskal 算法，它们都是贪婪算法的典型应用，感兴趣的读者可以进一步查阅其他相关资料。

例如，假设要在图 4-15 中从根节点到叶子节点找到最长的路径，可使用贪婪算法。

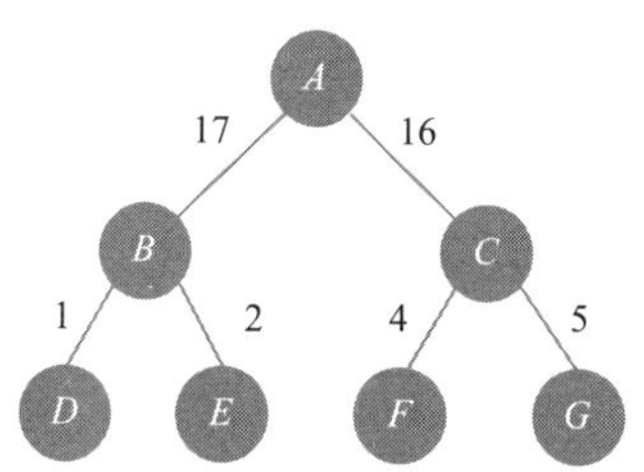

图 4-15 贪婪算法示意图

该问题是找到最大的路径。从根节点 A 开始，左子节点的数值为 17，右子节点的数值为 16。根据贪婪算法的规则，它将走向节点 B，进一步走向节点 E，最终的结果是 17+2=19。然而，这不是最优的解决方案。如图 4-16 所示，存在另一条带有更大数值的路径（16+5=21）。

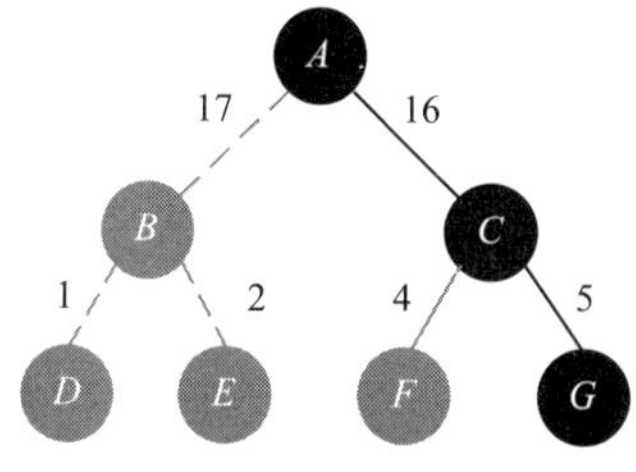

图 4-16 贪婪搜索算法示意图

假如有 5 元、2 元和 1 元的钞票，你需要使用最少几张钞票能够凑足 18 元钱呢？我们来看贪婪算法解决这道例题的思路。首先创建空的方案集 = {}，此时可用纸钞为 {5, 2, 1}。 目标是凑足 18 元。从 sum=0 开始。始终选择面值最大的钞票（即 5），直到 sum > 18。

在第 1 次迭代中，解决方案集 = {5}，sum = 5。

在第 2 次迭代中，解决方案集 = {5, 5}，sum = 10。

在第 3 次迭代中，解决方案集 = {5, 5, 5}，sum = 15。

在第 4 次迭代中，解决方案集 = {5, 5, 5, 2}，sum = 17。

在第 4 次迭代中，不能选择 5，因为如果这样做，求和为 20，大于 18。因此，选择第 2 大的钞票，即 2 元钞票。

同理，在第 5 次迭代中选择 1。现在钞票金额 sum=18，解决方案集 = {5, 5, 5, 2, 1}。

利用 Python 撰写解决此类问题的贪婪算法如下：

```
# 定义 mmc 函数
def mmc(amount, coins):
  coins.sort(reverse=True)  # 对钞票面值降序排序
  coin_count = 0  # 初始钞票数为 0
  for coin in coins:
     while amount >= coin:
        amount -= coin
        coin_count += 1
  return coin_count
```

通过以上程序对该题进行验证，代码如下：

```
amount = 18
coins = [5, 2, 1]
min_coin_count(amount, coins)
print(" 凑齐 {} 元所需的最小纸钞数为 {}。".format(amount,
mmc(amount, coins)))
```

结果显示：

```
凑齐 18 元所需的最小纸钞数为 5。
```

4.2.2 A* 算法

A* 搜索算法（A* search algorithm）是一种在求解图形平面上多个节点的路径时找到最低通过成本的算法。A* 搜索算法追加考虑达到某状态已经产生的代价，估算函数为：

$$f(n)=g(n)+h(n)$$

式中，$g(n)$ 表示从起点到节点 n 的实际代价；$h(n)$ 表示任意节点 n 到目标节点的最小代价的估算值。需要满足以下两个条件：

① $h(n)$ 不能超过起点到节点的实际距离，即 $h(n) \leqslant d(n, goal)$，否则可能会漏掉最优解；

② $h(n)$ 必须满足单调性，即对于起点 u，任意相邻的两个顶点 u、v，有 $h(u)-h(v) \leqslant d(u, v)$，否则可能会得到不正确的结果。

A* 算法维护两个列表：一个是 open 表，存储待扩展的状态；另一个是 closed 表，存储已经扩展的状态。在每次迭代中，取出 open 表中 $f(n)$ 最小的状态 n 进行扩展。如果该状态是目标状态，则搜索结束。否则，将 n 添加到 closed 表中，并生成其所有的可行的后继状态。对于每个后继状态 m，计算 $f(m) = g(m) + h(m)$。如果 m 已经在 open 表中，则比较 $f(m)$ 和其之前的估值，如果 $f(m)$ 更小，则更新其估值和父状态。如果 m 在 closed 表中，则跳过。否则，将 m 添加到 open 表中。

A* 搜索算法是一种非常有效的启发式搜索算法，通常具有很好的实际效果。但是，由于估价函数的不同，可能会得到不同的结果，而且在存在循环路径的情况下，可能会陷入死循环或者搜索非常慢。

八数码问题是最早的启发式搜索问题之一，利用 A* 搜索算法解决八数码问题的代码如下：

```
def create_board(string):
    """ 将一个字符串转换为一个二维列表，表示八数码问题中的一个
状态 """
    board = []
    row = []
    for i in string:
        if i.isdigit():
            row.append(int(i))
            if len(row) == 3:
                board.append(row)
                row = []
    return tuple(map(tuple, board))

def get_zero_pos(board):
    """ 获取当前状态中 0 的位置 """
    for i in range(3):
        for j in range(3):
            if board[i][j] == 0:
                return (i, j)

def get_neighbors(board):
    """ 获取当前状态可以转移到的状态列表 """
    i, j = get_zero_pos(board)
    neighbors = []
    for x, y in ((i-1, j), (i+1, j), (i, j-1), (i, j+1)):
        if 0 <= x < 3 and 0 <= y < 3:
            neighbor_board = [list(row) for row in board]
            neighbor_board[i][j], neighbor_board[x][y] =
neighbor_board[x][y], neighbor_board[i][j]
```

```
        neighbor_board = tuple(map(tuple, neighbor_
board))
        neighbors.append(neighbor_board)
  return neighbors

def get_heuristic(board, goal):
  """ 计算当前状态到目标状态的启发式函数值 """
  count = 0
  for i in range(3):
     for j in range(3):
        if board[i][j] != 0 and board[i][j] != goal[i][j]:
           count += 1
  return count

def a_star(start, goal):
  """A* 算法求解八数码问题 """
  # 将两个状态转换为二维元组，方便哈希及比较
  start = create_board(start)
  goal = create_board(goal)
  # 记录每个状态的父状态和 f 值：g + h
  came_from = {}
  f_value = {}
  # 初始化起始状态
  f_value[start] = get_heuristic(start, goal)
  closedset = set()
  openset = [(f_value[start], start)]
  while openset:
    # 选择 f 值最小的状态进行拓展
    current_f, current = min(openset)
    if current == goal:  # 当前状态已经是目标状态
       path = [current]
       while current in came_from:
```

```
            current = came_from[current]
            path.append(current)
        return path[::-1]
    openset.remove((current_f, current))
    closedset.add(current)
    for neighbor in get_neighbors(current):
        if neighbor in closedset:  # 避免重复拓展状态
            continue
        tentative_g = f_value[current] - get_heuristic
(current, goal) + 1  # 计算到当前状态的代价
        if neighbor not in (x[1] for x in openset):  #
新的状态
            came_from[neighbor] = current
            f_value[neighbor] = tentative_g + get_
heuristic(neighbor, goal)
            openset.append((f_value[neighbor], neighbor))
        elif tentative_g < f_value[neighbor] - get_
heuristic(neighbor, goal):  # 更优的状态
            came_from[neighbor] = current
            f_value[neighbor] = tentative_g + get_
heuristic(neighbor, goal)
            openset.append((f_value[neighbor], neighbor))
  return None  # 没有可行解

# 测试
start = '125430867'
goal  = '123456780'
path = a_star(start, goal)
if path != None:
    print(' \n '.join([''.join(map(str, row)) for row in
path]))
else:
    print(None)
```

结果显示：

```
None
```

说明上述搜索结果没有可行解。如果改变上述代码中的初始状态，将其设置为 start =‘124530867’，则结果显示如下：

```
(1, 2, 4)(5, 3, 0)(8, 6, 7)
(1, 2, 4)(5, 3, 7)(8, 6, 0)
(1, 2, 4)(5, 3, 7)(8, 0, 6)
(1, 2, 4)(5, 3, 7)(0, 8, 6)
(1, 2, 4)(0, 3, 7)(5, 8, 6)
(0, 2, 4)(1, 3, 7)(5, 8, 6)
(2, 0, 4)(1, 3, 7)(5, 8, 6)
(2, 3, 4)(1, 0, 7)(5, 8, 6)
(2, 3, 4)(1, 7, 0)(5, 8, 6)
(2, 3, 0)(1, 7, 4)(5, 8, 6)
(2, 0, 3)(1, 7, 4)(5, 8, 6)
(0, 2, 3)(1, 7, 4)(5, 8, 6)
(1, 2, 3)(0, 7, 4)(5, 8, 6)
(1, 2, 3)(7, 0, 4)(5, 8, 6)
(1, 2, 3)(7, 4, 0)(5, 8, 6)
(1, 2, 3)(7, 4, 6)(5, 8, 0)
(1, 2, 3)(7, 4, 6)(5, 0, 8)
(1, 2, 3)(7, 4, 6)(0, 5, 8)
(1, 2, 3)(0, 4, 6)(7, 5, 8)
(1, 2, 3)(4, 0, 6)(7, 5, 8)
(1, 2, 3)(4, 5, 6)(7, 0, 8)
(1, 2, 3)(4, 5, 6)(7, 8, 0)
```

4.3 对抗搜索

本章之前讲述的搜索内容是根据已知状态提供的信息的问题求解，也就说决策是在一个已知且不变的环境下进行的。然而在实际中，往往涉及状态未知的情形，抑或是与外部环境（有时将对手的行为决策也视为外部环境）发生交互的情形，比如在一些非合作的零和博弈（一方获得收益必然导致另一方受到损失，且博弈各方的收益与损失加总为 0）中。求解此类问题的算法称为对抗搜索（adversarial search），有时也称博弈搜索（game search）。

4.3.1 博弈下的极小极大搜索

极小极大搜索（minimax search）算法是一种利用极小极大优化决策思想求解对抗搜索问题的算法之一。极小极大是一种在人工智能、决策理论、博弈论中使用的决策规则，用于在最坏情况下最小化可能的损失。最初是为二人零和博弈理论而制定的，既包括玩家采取交替行动的情况，也包括他们同时采取行动的情况，它还扩展到更复杂的博弈和存在不确定性的一般决策。

从某一方的视角出发，将博弈过程利用图表示出来会形成博弈树（game tree）。这里利用《人工智能：一种现代方法》（*Artificial Intelligence: A Modern Approach*）中的案例对极小极大算法进行简要的说明[1]。

如图 4-17 所示的两层博弈树，△代表 Max 节点，此时作为行动方是以最大化为目的决策的。▽代表 Min 节点，在最下方一排终点处显示的数字是 Max 的效用值。

B 节点下面的值分别为 3、12、8，因此在 *B* 节点根据极小极大值原则，Min 的最佳行动方案是 b_1，同理可得 *C* 点是 c_1，*D* 点是 d_3。回到 *A* 点，由于 Max 方知道 Min 方肯定是让其收益值最小，因此他要考虑极大值的方案，*C* 点与 *D* 点下面的分支最小值均为

[1] Russel S, Norvig P. Artificial Intelligence: A Modern Approach. New York: Pearson Education Inc, 2013.

2，无论选择这两个点当中的哪一个，Max 方知道他只会得到收益 2。因此，在 A 点，Max 方会选择 a_1，最后 Min 方选择 b_1 使得相对于 B 点下方的另两个节点来说数值最小。

在极小极大搜索中，如果双方总能理性按照最优的策略进行互动，那么则认为极小极大搜索得到的解是最优的。

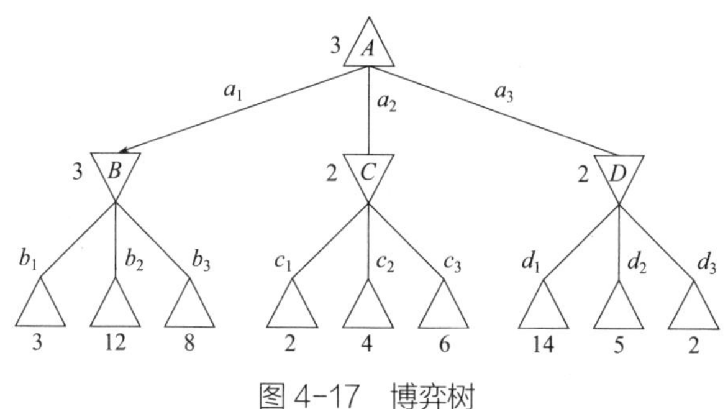

图 4-17　博弈树

井字棋（tic-tac-toe）是一种简单的在 3×3 的方格上开展的两方博弈游戏。在游戏中，双方各执一种棋子，如“○”和“×”，然后将棋子放入空白的方格中，如图 4-18 所示。直到下棋一方的三枚棋子连为一线（水平、竖直以及对角线均可），则赢得比赛。如果已经将棋盘填满而双方均未将三子连成一线则为平局。

X	O	O
O	X	
X		X

图 4-18　井字棋游戏示意图

利用极小极大搜索算法编写人机井字棋对战的程序如下：

```
import random

# 声明常量
X = "X"
```

```
O = "O"
EMPTY = "."
TIE = "TIE"
```

```
# 打印棋盘
def print_board(board):
    for row in board:
        print(" ".join(row))


# 检查游戏是否结束
def game_over(board):
  # 检查行
  for row in board:
      if row.count(row[0]) == len(row) and row[0] != 
EMPTY:
          return row[0]

  # 检查列
  for i in range(len(board)):
      col = []
      for row in board:
          col.append(row[i])
      if col.count(col[0]) == len(col) and col[0] != 
EMPTY:
          return col[0]

  # 检查对角线
  diag1 = []
  diag2 = []
  for i in range(len(board)):
      diag1.append(board[i][i])
```

```
        diag2.append(board[i][len(board) - 1 - i])
    if diag1.count(diag1[0]) == len(diag1) and diag1[0]
!= EMPTY:
        return diag1[0]
    if diag2.count(diag2[0]) == len(diag2) and diag2[0]
!= EMPTY:
        return diag2[0]

    # 检查平局
    if EMPTY not in board[0] and EMPTY not in board[1]
and EMPTY not in board[2]:
        return TIE

    # 游戏未结束
    return None


# 极小极大算法
def minimax(board, depth, alpha, beta, maximizing):
    # 判断是否到达叶子节点
    result = game_over(board)
    if result != None:
        if result == X:
            return (-1, None)
        elif result == O:
            return (1, None)
        else:
            return (0, None)

    # 对于最大化和最小化节点分别设定初始值
    if maximizing:
        value = float("-inf")
        symbol = O
```

```
    else:
        value = float("inf")
        symbol = X
```

```
    # 最大化节点
    if maximizing:
        for i in range(len(board)):
            for j in range(len(board)):
                if board[i][j] == EMPTY:
                    # 复制一份当前棋盘
                    board_copy = [row[:] for row in board]
                    board_copy[i][j] = symbol
                    # 递归搜索左子树
                    score = minimax(board_copy, depth + 1,
alpha, beta, False)[0]
                    if score > value:
                        value = score
                        move = (i, j)
                    # alpha-beta 剪枝
                    alpha = max(alpha, value)
                    if alpha >= beta:
                        break
    # 最小化节点
    else:
        for i in range(len(board)):
            for j in range(len(board)):
                if board[i][j] == EMPTY:
                    # 复制一份当前棋盘
                    board_copy = [row[:] for row in board]
                    board_copy[i][j] = symbol
                    # 递归搜索右子树
                    score = minimax(board_copy, depth + 1,
alpha, beta, True)[0]
```

```
                if score < value:
                    value = score
                    move = (i, j)
                # alpha-beta 剪枝
                beta = min(beta, value)
                if alpha >= beta:
                    break

    return (value, move)


# 人机对弈主函数
def play():
    # 创建初始棋盘
    board = [
        [EMPTY, EMPTY, EMPTY],
        [EMPTY, EMPTY, EMPTY],
        [EMPTY, EMPTY, EMPTY]
    ]

    # 提示玩家选择先手 / 后手
    player = None
    computer = None
    while player not in [X, O]:
        player = input("请选择先手（X）或后手（O）：").upper()
        computer = O if player == X else X

    # 初始化先手角色：玩家 or 计算机
    turn = player if player == X else computer

    # 计算机先手时，随机选择第一个棋子位置
    if turn == computer:
```

```
        move = (random.randint(0, 2), random.randint(0, 2))
        board[move[0]][move[1]] = X
        print(" 计算机选择了 ({},{})".format(move[0], 
move[1]))
        print_board(board)
        turn = player

    # 开始游戏
    while game_over(board) is None:
      if turn == player:
        # 玩家回合
        while True:
          row = int(input(" 请选择要下棋的行（0-2）: "))
          col = int(input(" 请选择要下棋的列（0-2）: "))
          if row not in range(0, 3) or col not in 
range(0, 3):
            print(" 输入错误！ ")
            continue
          if board[row][col] != EMPTY:
            print(" 该位置已经有棋子了！ ")
          else:
            break
        board[row][col] = player
        print_board(board)
        turn = computer
      else:
        # 计算机回合
        move = minimax(board, 0, float("-inf"), 
float("inf"), True)[1]
        board[move[0]][move[1]] = computer
        print(" 计算机选择了 ({},{})".format(move[0], 
move[1]))
```

```
        print_board(board)
        turn = player

    # 游戏结束
    result = game_over(board)
    if result == TIE:
        print("平局！")
    else:
        print("游戏结束，{}胜利了！".format(result))

play()
```

在执行程序的过程中，需要玩家按照提示进行输入，结果显示如下：

```
请选择先手（X）或后手（O）：X
请选择要下棋的行（0-2）：1
请选择要下棋的列（0-2）：1
. . .
. X .
. . .
计算机选择了 (0,0)
O . .
. X .
. . .
请选择要下棋的行（0-2）：0
请选择要下棋的列（0-2）：1
O X .
. X .
. . .
计算机选择了 (2,1)
O X .
. X .
. O .
```

```
请选择要下棋的行（0-2）: 2
请选择要下棋的列（0-2）: 0
O X .
. X .
X O .
计算机选择了 (0,2)
O X O
. X .
X O .
请选择要下棋的行（0-2）: 1
请选择要下棋的列（0-2）: 0
O X O
X X .
X O .
计算机选择了 (1,2)
O X O
X X O
X O .
请选择要下棋的行（0-2）: 2
请选择要下棋的列（0-2）: 2
O X O
X X O
X O X
平局!
```

4.3.2 alpha－beta 剪枝算法

极小极大值搜索类似于广度优先搜索，状态的数量随着博弈的开展呈现出指数级增长。因此需要考虑一种更巧妙的方法，尽可能将无效的状态剔除。alpha–beta 剪枝（alpha–beta pruning）就是一种这样的方法。

alpha–beta 剪枝也称为 α-β 剪枝，是一种搜索算法，它试图减

少搜索树中由极小极大算法计算的节点数量。它是一种对抗性搜索算法，通常用于两人游戏（井字游戏、国际象棋、围棋等）的机器游戏。当发现至少有一种可能性证明某一举动比之前检查过的举动更糟糕时，它就停止评估该举动。

约翰·麦卡锡在 1956 年的达特茅斯研讨会上提出了该算法，这个算法不断受到其他学者的广泛关注。约翰·麦卡锡后来还在《人类水平的人工智能比 1955 年看起来要难》（*Human-Level AI Is Harder Than It Seemed in 1955*）中回忆：alpha-beta 剪枝是人类游戏的特征，但早期的国际象棋大咖们，如艾伦·图灵、克劳德·埃尔伍德·香农等人并没有注意到这点。

该算法保持了两个值，α 和 β 分别表示确保最大化玩家的最小分数和确保最小化玩家的最大分数，也就是说，α 代表了迄今为止路径上发现的对 Max 来说极大的值，而 β 则是对 Min 上的极低的值。最初，α 是负无穷大，而 β 是正无穷大，也就是说，两个玩家都从他们最差的得分开始，然后在搜索中不断更新 α 和 β 的值。每当最小化玩家（即 β 玩家）得到的最高得分变得比最大化玩家（即 α 玩家）得到保证的最小得分（即 $\beta<\alpha$）低时，玩家无须考虑该节点的后续延展，因为在实际游戏中将永远不会接触到它们。

α-β 剪枝算法利用已经搜索的状态进行剪枝，这样可以进一步提高搜索的效率。深蓝的主要参与者许峰雄博士曾说，如果不采用 α-β 剪枝算法，深蓝的每步棋可能需要 17 年的时间[1]。

接着上文极小极大值的案例对 α-β 剪枝做一下介绍。如图 4-19 所示，先看 Min 节点 B 下方的效用值，因为取最小，所以节点 B 取值不会大于 3，当观察完节点 B 下方的 3 个选择时，B 的值就确定为 3。再看节点 C，它的第一个节点的效用值是 2，也就是说，

---

[1] 李德毅 . 人工智能导论 [M]. 北京：中国科学技术出版社，2017.

无论节点 C 的其他分支如何，节点 C 的取值不可能超过 2。再加上 B 值已经确定为 3，最大化玩家不会选择 C，因此节点 C 的其他两个分支就可以剪掉了。

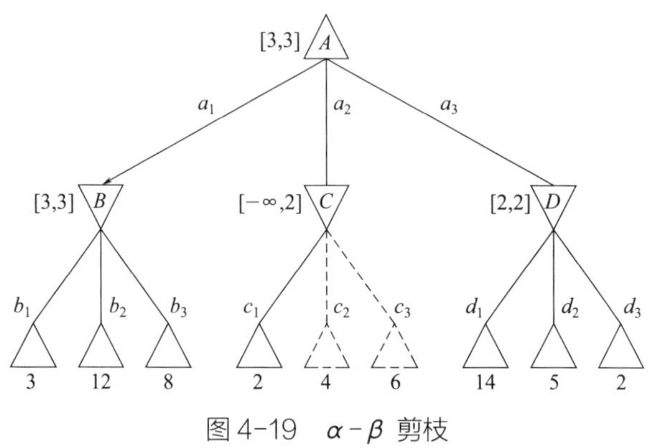

图 4-19　$\alpha-\beta$ 剪枝

节点 D 的第一个效用值 14，这个值比刚才的 3 要高，所以需要继续检查其他分支，在发现 d_2 产生的效用值为 5 后，还要进一步搜索，直到发现 d_3 的效用值为 2，确定了节点 D 的值为 2。所以，最终是从节点 A 走到节点 B 的 b_1 处。值得注意的是，如果 d_3 与 d_1 互换位置，那么当检查到 2 时，节点 D 下方的另外两个节点就可以直接被剪掉，而不需要再搜索了。图 4-19 中节点左上角方括号内给出的分别是 α 和 β 的值。

第5章

线性与非线性规划中的搜索

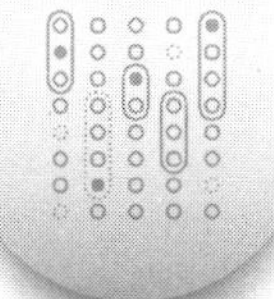

5.1 优化问题

5.1.1 无处不在的优化

优化算法在学习、生活中无处不在。在学术研究中，很多问题需要最大化或最小化某个指标，如最大化某个物理量或最小化某个误差函数等。这些问题可以通过优化算法来求解，找到最优解或近似最优解，例如传统的梯度下降法、共轭梯度法、牛顿法、拟牛顿法等，这些算法也是机器学习和深度学习等领域中广泛应用的，因为其中的很多问题都可以转化成一个最优化问题的描述。

在生活中，我们也常常面临各种决策问题，如购买商品、投资证券或选取旅游路线等。这些问题可以转化为一个最优化问题，通过优化算法来求解最优解。此外，在工程领域中，如物流运输、供应链管理等，也需要解决各种优化问题，如最短路径问题、物流调度问题等。这些问题可以通过优化算法来求最优解，以提高运输效率和降低成本。

其实，人生中的规划也与搜索类似。首先你要确定一个目标，没有目标，思维发展终究不能聚焦，没有目标，人生也将迷失方向。其次，搜索是在约束中完成的。经济学原理就告诉人们，资源是有限的。最后，在满足约束的前提下，如何找到那个最优的答案，是人们关心的问题。

5.1.2 优化问题的描述

解决上述优化问题需要进行规范的设计，说明实现优化的目标、约束、参数以及其他相关的元素。优化问题通常可以写成以下形式：

$$\min f(\boldsymbol{x}),\ \text{s.t.}\ \boldsymbol{x}\in\Omega$$

假设向量 $\boldsymbol{x}=(x_1, \cdots, x_n)$ 是问题的优化变量，有时候也称决策变量，函数 $f(\boldsymbol{x})$ 则是一个从 $\mathbf{R}^n$ 得到 $\mathbf{R}$ 的目标函数。上面的 s.t. 表示约束条件，集合 Ω 是 n 维实数空间 $\mathbf{R}^n$ 的一个子集，称为约束集或可行集。通过改变向量 $\boldsymbol{x}$ 内的元素值，使得目标函数值达到最小，此时 $\boldsymbol{x}$ 也被称为极小点。

有时，一些问题还需要目标函数值达到最大，即 $\max f(\boldsymbol{x})$，也就是求最大化问题。这类问题中需要找寻的就是极大点。极大点与极小点统称为极值点。

值得注意的是，求极小化问题也可以转化为求极大化问题，比如上述的求极小化问题可以在函数前加一个负号转化为求极大化问题：

$$\max -f(\boldsymbol{x}),\ \text{s.t.}\ \boldsymbol{x}\in\Omega$$

这是同一问题的不同表达形式，因为方程的解相同。

许多问题都有约束，约束会导致对某些解决方案的限制，不同的约束在一起构成了可行集。考虑下面的优化问题：

$$\min f(\boldsymbol{x}),\quad \begin{array}{l}\text{s.t.}\ x_1\geqslant 0\\ x_2\geqslant 0\\ x_1+x_2\leqslant 2\end{array}$$

可行集如图 5-1 的阴影部分所示。

图 5-2 给出了一个一元函数 $f(x)$，当考虑最小化问题时，我们希望能够找到一个全局最小值点，也就是在该点处的 x 值使得 $f(x)$ 最小化。除非是在一些特殊情形下，否则往往较难证明某点是全局极小值点，但通常可以确认其是否为局部极小值点。

如果存在 $\delta>0$，使得对于任意满足 $|x-x^*|<\delta$ 的 x，都有 $f(x^*)\leqslant f(x)$，则称 $f(x^*)$ 是局部极小值，x^* 是局部极小值点。如果

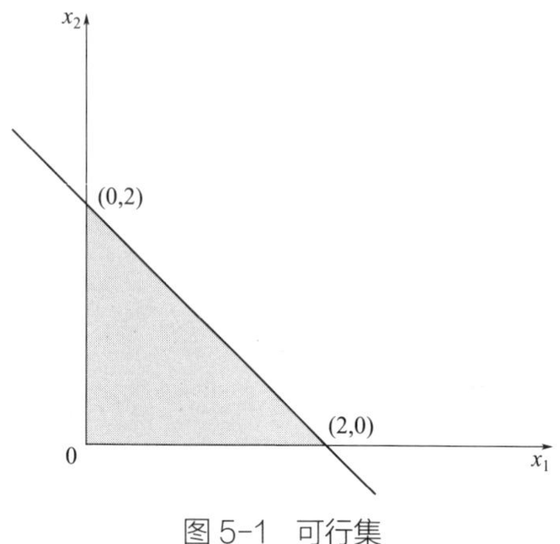

图 5-1　可行集

将 $f(x^*) \leqslant f(x)$ 替换为 $f(x^*) < f(x)$，则局部极小值点为严格局部极小值点。这种情形可以推广到多元情况下。

上述极值点涉及的是 x^* 的邻域，如果是在所有可行集的范围内，除 x^* 外都有 $f(x^*) \leqslant f(x)$，则称 x^* 是在可行集中的全局极小值点。如图 5-2 所示，x_1、x_2、x_3 分别是严格全局极小值点、严格局部极小点以及弱局部极小值点（邻域内并非唯一的极小化 $f(x)$ 的点）。

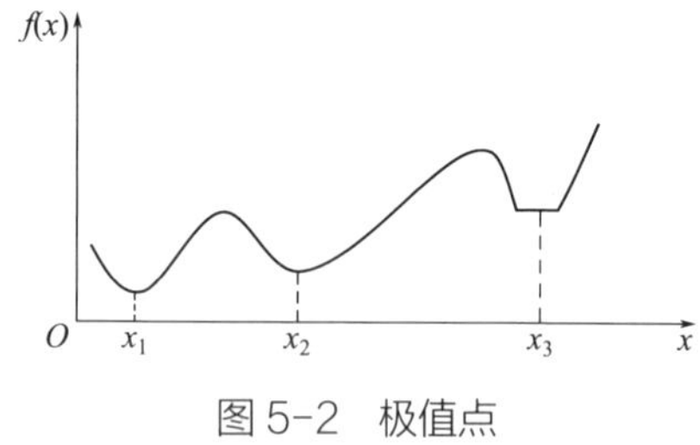

图 5-2　极值点

5.2　线性规划

线性规划（linear programming，简称 LP），也称为线性优化，是一种通过线性关系来表示数学模型的要求，以实现最佳结果

（如最大利润或最低成本）的方法。线性规划是数学规划的一个特例。更正式地说，线性规划是一种在线性等式和线性不等式约束条件下，对线性目标函数进行优化的技术。

提到线性规划，就不得不提及线性不等式方程组，它的求解问题可以追溯到约瑟夫·傅里叶（Joseph Fourier）时代，他在 1827 年发表了一种求解它们的方法，百年后也因此得名傅里叶 - 莫兹金消元法（Fourier-Motzkin elimination）[1]。1939 年苏联数学家兼经济学家列昂尼德·卡廷多维奇（Leonid Kantorovich）提出了一个等价于一般线性规划问题的线性规划公式，同时还提出了求解的方法[2]。

与卡廷多维奇同时期的荷裔美国经济学家 T.C. 库普曼（T. C. Koopmans）把经典经济问题形式化为线性规划。1975 年，卡廷多维奇和库普曼共同获得了诺贝尔经济学奖。

1941 年，弗兰克·劳伦·希奇科克（Frank Lauren Hitchcock）也将运输问题形式化为线性规划，并给出了与后来的单纯形法非常相似的解法。从 1946 年到 1947 年，乔治·丹尼格（George B. Dantzig）独立开发了通用的线性规划公式，用于解决美国空军的计划问题[3]。1947 年，丹尼格还发明了单纯形法，这是第一次在大多数情况下高效地解决线性规划问题。

当丹尼格与约翰·冯·诺伊曼（John von Neumann）会面讨论他的单纯形法时，冯·诺伊曼立即通过认识到单纯形法与他一直在研究的博弈论问题是等价的，从而提出了经典的对偶理论（duality theory）。丹尼格于 1948 年 1 月 5 日提交了一份未发表的

---

❶ Gerard S, Yori Z. Linear and Integer Optimization: Theory and Practice. 3rd ed. Boca Raton: CRC Press, 2015.

❷ Alexander S. Theory of Linear and Integer Programming. New York: John Wiley & Sons, 1998.

❸ Dantzig G B, Thapa M Narain. Linear Programming. New York: Springer, 1997.

报告《关于线性不等式的定理》，提供了正式证明。

把问题作为线性规划并应用单纯形算法，只需要一瞬间就可以找到最优解。线性规划背后的理论极大地减少了必须检查的可能解的数量。列昂尼德·哈奇扬（Leonid Khachiyan）于 1979 年首次证明了可在多项式时间内解决线性规划问题❶，该领域的更大理论和实际突破是由纳伦德拉·卡马卡（Narendra Karmarkar）在 1984 年引入新的内点法来解决线性规划问题❷。

尽管有很多问题已经远远超出了线性规划的范畴，然而它仍被视为是一种非常有效的工具。线性规划是学习凸优化、支持向量机及神经网络等算法的基础之基础，因此仍然有必要简单了解。我们从一个生产的例子开始。

5.2.1 图解线性规划

生产商品 1、商品 2 和商品 3，需要用到设备 1、设备 2，同时还面临着设备调试的时间、设备使用的相关数据及商品利润如表 5-1 所示，表中的时间单位为时（h）。请问如何分配时间生产才能够使得利润最大？

表 5-1 设备、时间及利润

项目	商品 1	商品 2	商品 3	每天可用时间
设备 1 所用时间	0	5	4	15
设备 2 所用时间	6	2	0	24
设备调试时间	1	1	1	5
利润	2	1	1	

❶ Leonid K. A Polynomial Algorithm for Linear Programming. Doklady Akademii Nauk SSSR, 1979, 224 (5): 1093–1096.

❷ Narendra K. A New Polynomial-Time Algorithm for Linear Programming. Combinatorica, 1984, 4 (4): 373–395.

针对上述问题，我们可以用画图找规律，再用代数的方法推广到高维。

为了探讨不同维度空间的优化问题，假设以下三种情况。

- 情形 1：不考虑商品 1 和商品 3，仅考虑商品 2（一维）。
- 情形 2：考虑商品 1 和商品 2，不考虑商品 3（二维）。
- 情形 3：三种商品同时考虑（三维）。

情形 1：

$$\max \quad z = x_2, \text{ s.t.} \begin{cases} 5x_2 \leqslant 15 \\ 2x_2 \leqslant 24 \\ x_2 \leqslant 5 \\ x_2 \geqslant 0 \end{cases}$$

其中约束条件分别表示：设备 1 所用时间约束、设备 2 所用时间约束、设备调试时间约束和非负约束。

上述模型用图表示如图 5-3 所示，从图中可以看到，加粗线段为可行集，x_2=3 处实心点在可行集中最大，因此为最优解。也就是说，当 x_2=3 时，有最大的解 z=3。

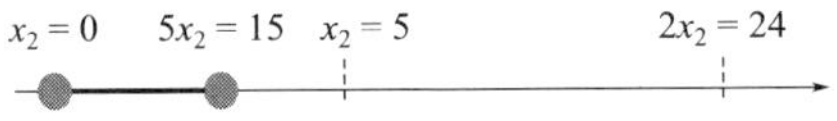

图 5-3 一维图形

情形 2：

$$\max \quad z = 2x_1 + x_2, \text{ s.t.} \begin{cases} 5x_2 \leqslant 15 \\ 6x_1 + 2x_2 \leqslant 24 \\ x_1 + x_2 \leqslant 5 \\ x_1 \geqslant 0, x_2 \geqslant 0 \end{cases}$$

如图 5-4 所示，粗线围住的是可行集，虚线是目标函数等值线，虚线箭头是目标函数的梯度方向，空心点（3.5,1.5）是最优解，此时模型有最大的解 z=8.5。

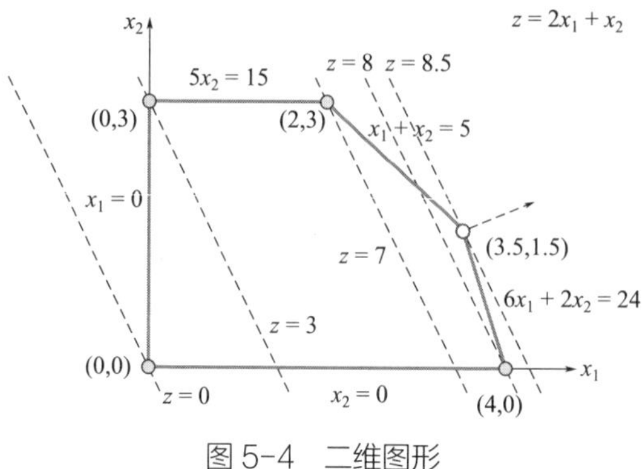

图 5-4　二维图形

情形 3：

$$\max \quad z=2x_1+x_2+x_3,\ \text{s.t.} \begin{cases} 5x_2+4x_3 \leqslant 15 \\ 6x_1+2x_2 \leqslant 24 \\ x_1+x_2+x_3 \leqslant 5 \\ x_1 \geqslant 0,\ x_2 \geqslant 0,\ x_3 \geqslant 0 \end{cases}$$

情形 3 如图 5-5 所示。

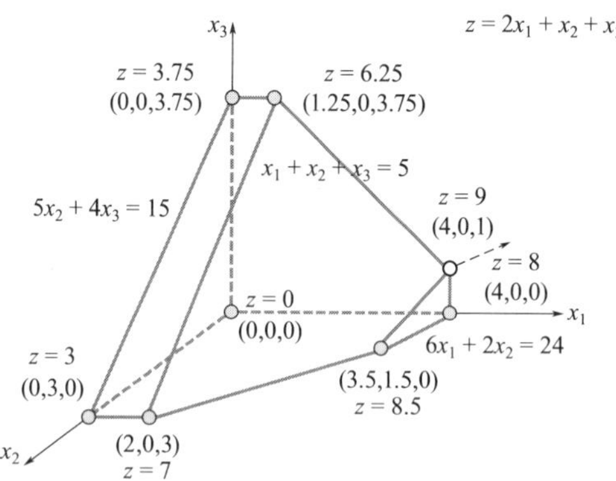

图 5-5　三维图形

如图 5-5 所示，粗实线和粗虚线组成的多面体围住的是可行集，虚线箭头是目标函数的梯度方向，空心点（4,0,1）处是最优解，此时模型有最大值 z=9。

5.2.2 搜顶点

通过前面三个模型，可以看出一些共同的地方，比如，在可行集中任意两点的连线仍然在可行集内，而最优解都不在除顶点的两点连线以内。

什么是顶点？以上述的内容为例，如图 5-6 所示，可以看到每条约束边界都是直线，直线相交的点称为顶点。其中在可行域的 5 个顶点的坐标为 (0,0)、(0,3)、(2,3)、(3.5,1.5)、(4,0)，又称为顶点可行解。

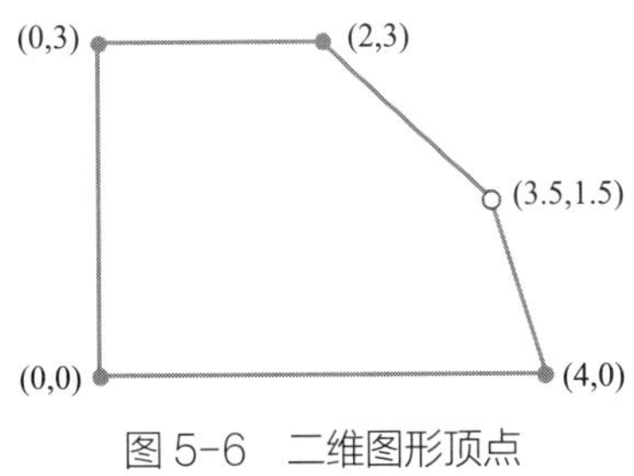

图 5-6　二维图形顶点

在二维平面上，可行区域实际上是由多个相邻的线性约束条件所限定的一个封闭区域。在高维空间中，可行区域则是由多个线性约束条件所定义的一个多面体。给定的线性规划问题，如果存在最优解，可以证明最优解可以在可行集的某个顶点上找到。因此，在线性规划中，只需要在可行域的各顶点中进行搜索，就可以找到最优解。对于线性规划求解问题，要做的就是 9 个字：

搜顶点，看周边，比大小

对于上述这种低维度的线性规划问题，通常用图解法解决直观明了。但是一旦超过三维，图解法也就不再适用了。

在线性规划中，单纯形法已被证明是一种非常有效的方法，该方法背后的思想就是从基本可行解中判别哪个为最优解，反复迭代搜索直到找到最优解。该方法适用于任意多个变量。

尽管单纯形法是一个代数过程，然而它的基本概念却是建立在几何上的。理解这些几何概念为掌握单纯形法提供了更直观的感觉，如图 5-7 所示。

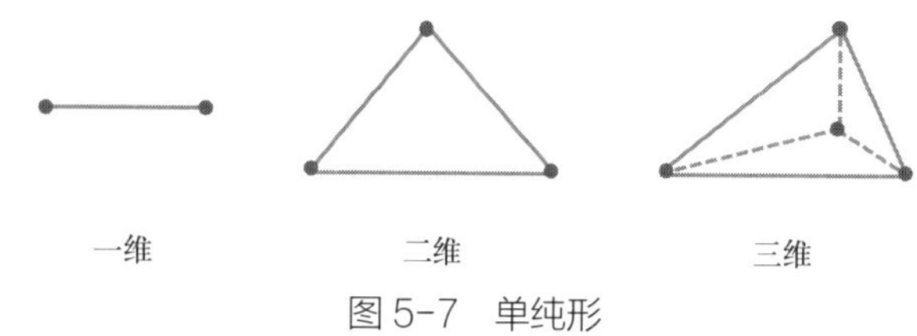

图 5-7　单纯形

一维单纯形表示如下：

$$X=\theta_1X_1+\theta_2X_2$$
$$\theta_1+\theta_2=1,\ \theta_i\geqslant 0$$

二维单纯形表示如下：

$$X=\theta_1X_1+\theta_2X_2+\theta_3X_3$$
$$\theta_1+\theta_2+\theta_3=1,\ \theta_i\geqslant 0$$

三维单纯形表示如下：

$$X=\theta_1X_1+\theta_2X_2+\theta_3X_3+\theta_4X_4$$
$$\theta_1+\theta_2+\theta_3+\theta_4=1,\ \theta_i\geqslant 0$$

n+1 个不在 n 维超片面上的点的凸组合，就是 n 维单纯形[1]。

在实践中，单纯形算法非常高效，并且可以保证在采取防止循环的某些预防措施后找到全局最优解。

5.2.3　程序求解

利用 SciPy 求解线性规划问题的程序可以使用 linprog() 函数。

[1] n 维单纯形：$X=\sum_{i=1}^{n+1}\theta_iX_i, \sum_{i=1}^{n+1}\theta_i=1, \theta_i\geqslant 0$。

linprog() 用于求解形式如下的线性规划问题：

$$\min \quad f(x)=\boldsymbol{c}^T\boldsymbol{x}, \text{ s.t.}\begin{cases}\boldsymbol{A}_{ub}\boldsymbol{x}\leqslant b_{ub}\\ \boldsymbol{A}_{eq}\boldsymbol{x}=b_{eq}\\ l\leqslant\boldsymbol{x}\leqslant u\end{cases}$$

式中，$\boldsymbol{x}$ 表示决策变量的向量；$\boldsymbol{c}$ 为向量；b_{ub}、b_{eq}、l 和 u 为常量；$\boldsymbol{A}_{ub}$ 和 $\boldsymbol{A}_{eq}$ 是矩阵。

考虑如下的案例：

$$\max \quad f(x)=x_0-4x_1, \text{ s.t.}\begin{cases}x_0+x_1\leqslant 2\\ 3x_0-x_1\geqslant -1\\ x_0+2x_1=3\\ x_0\geqslant 0\\ x_1\geqslant -3\end{cases}$$

如果使用 linprog() 函数来解决上述问题，需要先做一些变换。首先，将目标函数乘以“−1”，将求解最大化目标函数转换为求解最小化目标函数，即 $\min f(x)=-x_0+4x_1$；其次，将不等式 $3x_0-x_1\geqslant -1$ 变为 $-3x_0+x_1\leqslant 1$。以下是解决该线性规划问题的代码：

```
import numpy as np
from scipy.optimize import linprog

# 定义目标函数的系数向量
c = [-1, 4]

# 定义不等式约束条件的系数矩阵 A_ub 和右侧向量 b_ub
A_ub = [[1, 1],
   [-3, 1]]
b_ub = [2, 1]

# 定义等式约束条件的系数矩阵 A_eq 和右侧向量 b_eq
A_eq = [[1, 2]]
```

```
b_eq = [3]

# 定义决策变量的取值范围
x0_bounds = (0, None)
x1_bounds = (-3, None)

bounds = [x0_bounds, x1_bounds]

# 调用 linprog 函数求解线性规划问题的最优解
res = linprog(c, A_ub=A_ub, b_ub=b_ub, A_eq=A_eq, b_
eq=b_eq, bounds=bounds)

# 输出结果
print(" 最小值 : {:.2f}".format(res.fun))
print(" 最优解 : {}".format(res.x))
```

结果显示：

```
最小值 : 3.00
最优解 : [1. 1.]
```

现在，通过 Python 代码对前文中的情形 3 进行验证，代码如下：

```
import numpy as np
from scipy.optimize import linprog

# 定义目标函数的系数向量
c = [-2, -1, -1]

# 定义不等式约束条件的系数矩阵 A_ub 和右侧向量 b_ub
A_ub = [[0, 5, 4],
    [6, 2, 0],
    [1, 1, 1]]
```

```
b_ub = [15, 24, 5]

# 定义决策变量的取值范围
x0_bounds = (0, None)
x1_bounds = (0, None)
x2_bounds = (0, None)

bounds = [x0_bounds, x1_bounds, x2_bounds]

# 调用 linprog 函数求解线性规划问题的最优解
res = linprog(c, A_ub=A_ub, b_ub=b_ub, bounds=bounds)

# 输出结果
print(" 最小值：{:.2f}".format(res.fun))
print(" 最优解：{}".format(res.x))
```

结果显示：

```
最小值：-9.00
最优解：[4. 0. 1.]
```

注意，该问题中没有等式约束。此外，需要将最小值 −9 乘以“−1”变为 9，还原为求解最大值问题。

5.3 非线性规划

5.3.1 从导数中获得搜索信息

非线性规划问题尽管与线性规划问题一样，都有目标函数、约束条件及变量约束等，然而它们的不同之处在于非线性规划的目标函数和约束条件中至少有一个是非线性函数。

在非线性规划中，导数的概念被广泛运用，特别是在求解最优解的过程中。由于非线性规划问题的目标函数和约束条件往往包含非线性函数，因此导数可以帮助我们确定这些函数的斜率和变化率，从而更好地理解它们的性质。

非线性规划求解中有一些特定的方法，如梯度法和牛顿法等，梯度法使用了目标函数的导数来确定在当前点下降最快的方向，并以此来更新解的值。牛顿法则利用目标函数的二阶导数信息来进行迭代，可以更快地收敛到最优解。这些方法都依赖于导数信息，所以在选择具体的求解方法时需要综合考虑问题的特点和导数的使用情况。在本章的讨论中，均假设目标函数是二阶可微的。

单自变量函数 $f(x)$ 的导数（derivative）$f'(x)$ 是在 x 处 $f(x)$ 值变化的速率。通常使用该函数在 x 处的切线来可视化导数，如图 5-8 所示。

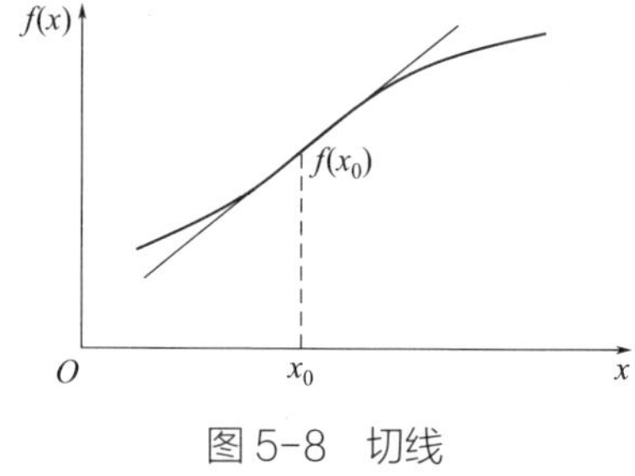

图 5-8　切线

导数的值等于切线的斜率，可使用导数表示 x 附近函数的线性近似：

$$f(x+\Delta x) \approx f(x)+f'(x)\Delta x$$

导数是 x 点处 $f(x)$ 的变化与 x 的变化之比：

$$f'(x)=\frac{\Delta f(x)}{\Delta x}$$

当步长趋近于无穷小时，$f'(x)$ 等于 $f(x)$ 的变化量除以 x 的变化量。

可以使用 Python 的第三方库 SymPy 来计算一元函数的导数

并给出某点的导数值。

```
import sympy

# 定义变量和函数
x = sympy.Symbol('x')
f = x**3 + 2*x**2 - 5*x + 1

# 计算导数
dfdx = sympy.diff(f, x)

# 在某点处计算导数值
x0 = 2.5
dfdx_value = dfdx.evalf(subs={x: x0})

# 输出结果
print("函数 f(x) 的导数为 ",dfdx)
print("函数 f(x) 在 ", x0, " 处的导数值是 ", dfdx_value)
```

结果显示：

```
函数 f(x) 的导数为 3*x**2 + 4*x - 5
函数 f(x) 在 2.5 处的导数值是 23.7500000000000
```

梯度（gradient）是导数推广到多元函数的概念。它捕捉函数的局部斜率，使我们能够预测在某一点处从任何方向上采取小步长的效果。导数是切线的斜率，梯度指向切线超平面的最陡峭上升的方向，如图 5-9 所示，梯度的每个分量都定义了一个局部切线，这些切线定义了局部切线超平面。梯度向量指向最陡峭的方向。n 维空间中的超平面是满足以下条件的点集：

$$\boldsymbol{w}_1x_1+\boldsymbol{w}_2x_2\cdots+\boldsymbol{w}_nx_n=b$$

式中，$\boldsymbol{w}$ 为向量；x 为标量。$n-1$ 维空间的超平面具有 $n-1$ 个维度。

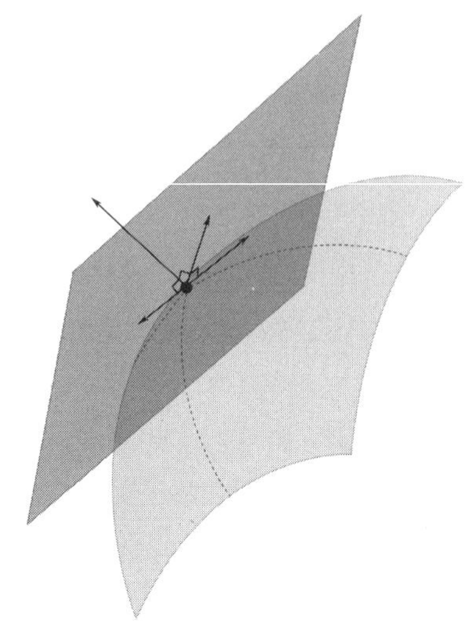

图 5-9　曲面的切平面

在 $\boldsymbol{x}$ 点处，$f(\boldsymbol{x})$ 的梯度记为$\nabla f(\boldsymbol{x})$，是一个向量。向量的每个分量都是 $f(\boldsymbol{x})$ 对该分量的偏导数。

$$\nabla f(\boldsymbol{x})=\left[\frac{\partial f(\boldsymbol{x})}{\partial x_1}, \frac{\partial f(\boldsymbol{x})}{\partial x_2}, \cdots, \frac{\partial f(\boldsymbol{x})}{\partial x_n}\right]$$

利用 Python 的第三方库 SymPy 来计算多元函数的梯度，并给出某点的梯度值的代码如下：

```
import sympy
# 定义变量和函数
x, y, z = sympy.symbols('x y z')
f = x**2*y + y**2*z + z**2*x
# 计算梯度
grad_f = [sympy.diff(f, var) for var in [x, y, z]]
# 在某点处计算梯度值
x0, y0, z0 = 1, 2, 3
grad_f_value = [grad.subs([(x, x0), (y, y0), (z, z0)])
for grad in grad_f]
```

```
# 输出结果
print(" 函数 f 的梯度为 ",grad_f)
print("f 在点 (", x0, ",", y0, ",", z0, ") 的梯度值为 ",
grad_f_value)
```

结果显示：

```
函数 f 的梯度为 [2*x*y + z**2, x**2 + 2*y*z, 2*x*z + y**2]
f 在点 ( 1 , 2 , 3 ) 的梯度值为 [13, 13, 10]
```

多元函数的海塞矩阵（Hessian matrix）包含所有关于输入的二阶导数的矩阵。二阶导数捕捉函数局部曲率的信息。

$$\nabla^2 f(\boldsymbol{x})=\begin{bmatrix} \frac{\partial^2 f(\boldsymbol{x})}{\partial x_1 \partial x_1} & \frac{\partial^2 f(\boldsymbol{x})}{\partial x_1 \partial x_2} & \cdots & \frac{\partial^2 f(\boldsymbol{x})}{\partial x_1 \partial x_n} \\ \vdots & \vdots & & \vdots \\ \frac{\partial^2 f(\boldsymbol{x})}{\partial x_n \partial x_1} & \frac{\partial^2 f(\boldsymbol{x})}{\partial x_n \partial x_2} & \cdots & \frac{\partial^2 f(\boldsymbol{x})}{\partial x_n \partial x_n} \end{bmatrix}$$

```
import sympy
# 定义变量和函数
x, y = sympy.symbols('x y')
f = x**3 + 2*x**2*y**2 + 3*y**3

# 计算海塞矩阵
H_f = [[sympy.diff(f, var_i, var_j) for var_i in [x, y]]
for var_j in [x, y]]

# 在某点处计算海塞矩阵值
x0, y0 = 1, 2
H_f_value = [[H_ij.subs([(x, x0), (y, y0)]) for H_ij in
row] for row in H_f]
```

```
# 输出结果
print(" 海塞矩阵为 ", H_f)
print(" 在点 (", x0, ",", y0, ") 处海塞矩阵的值为 ", H_f_value)
```

结果显示：

```
海塞矩阵为 [[2*(3*x + 2*y**2), 8*x*y], [8*x*y, 2*(2*x**2 + 9*y)]]
在点 ( 1 , 2 ) 处海塞矩阵的值为 [[22, 16], [16, 40]]
```

在一元问题中，如果 $f'(x^*)=0$ 且 $f''(x^*) > 0$，则该点一定位于一个严格局部最小值处。即如果某点的导数为零且二阶导数为非负，则该点也可能处于局部最小值。局部最小值遵循如下两个条件（必要条件）：

- $f'(x^*)=0$，一阶必要条件。
- $f''(x^*) \geqslant 0$，二阶必要条件。

在多元问题中，$\boldsymbol{x}$ 如果是 $f(\boldsymbol{x})$ 的局部最小值，必须满足以下条件：

- $\nabla f(x)=0$，一阶必要条件。
- $\nabla^2 f(x)$ 半正定，二阶必要条件。

一种常见的优化方法是通过采用基于局部模型的目标值最小化步骤来逐步选择合适的解。按照这种方法给出的优化算法被称为下降方向法（descent direction methods）。它们从某个初始点开始，然后生成一系列点，这个过程也被称为迭代（iteration），以收敛于局部最小值。

下降方向法过程包括以下步骤：

- 第 1 步：检查 $\boldsymbol{x}^{(k)}$ 是否满足终止条件。如果满足则终止；

否则继续进行下一步。

- 第 2 步：使用梯度或海塞矩阵等局部信息来确定下降方向 $\boldsymbol{d}^{(k)}$。
- 第 3 步：确定步长，即学习率 $\alpha^{(k)}$。
- 第 4 步：根据以下公式迭代到下一个点：

$$\boldsymbol{x}^{(k+1)} \longleftarrow \boldsymbol{x}^{(k)}+\alpha^{(k)}\boldsymbol{d}^{(k)}$$

不少优化方法就是通过设计出步长和下降方向来实现的。下降方向 $\boldsymbol{d}$ 的一种直观选择是最速下降（steepest descent）方向。只要目标函数是光滑的，且是没有到达梯度为零的点，按照最速下降方向进行迭代，函数值一定会减小。最速下降方向就是梯度的反向，因此称为梯度下降（gradient descent），即$\boldsymbol{d}^{(k)}=-\nabla f\left(\boldsymbol{x}^{(k)}\right)$。在梯度下降中，通常标准化最速下降方向为：

$$\boldsymbol{d}^{(k)}=-\frac{\nabla f\left(\boldsymbol{x}^{(k)}\right)}{\left\|\nabla f\left(\boldsymbol{x}^{(k)}\right)\right\|}$$

利用目标函数的一阶导数的信息，不但可以给出如上所述的梯度下降法去搜索最优解，还有其他诸多方法，如共轭梯度法（conjugate gradient）、动量法（momentum）、Adagrad 法、Adadelta 法、Adam 法等去探寻目标函数的方向。

除了利用目标函数的一阶导数信息进行优化，二阶导数信息也可以帮助用于确定下降算法方向和步长选择，比如利用牛顿法（Newton's method）、割线法（secant method）以及拟牛顿法等（quasi-Newton methods）。

关于利用导数信息进行优化的详细内容，已经超出了本书的范围，感兴趣的读者可以进一步参阅其他相关书籍。

5.3.2 非线性规划难在哪

在真实的世界里，很多模型天生就是非线性的。非线性规划的难点体现在以下几个方面。

（1）最优解的判定

当一个函数较为复杂时，很难区分局部最优解与全局最优解，如图5-10所示，图中有很多局部最优解，至于哪个是全局最优解，还需要进一步判断。尽管前文所述可以通过某一点的导数、海塞矩阵等手段确定该点是不是局部最优解，但是通常没有很好的办法确定是否会有更优的结果，即确定全局最优解不是一件容易的事情。

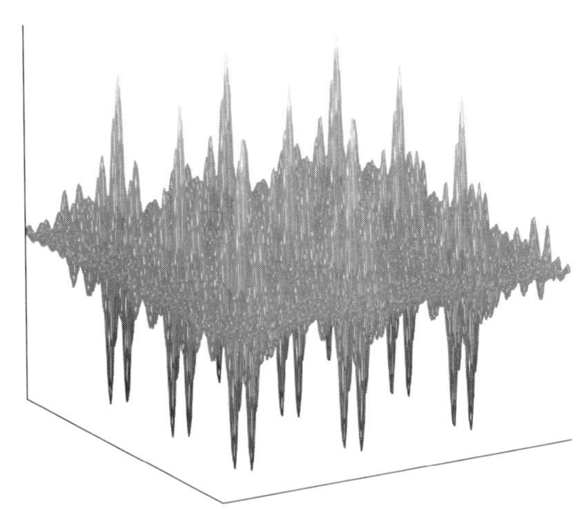

图5-10 复杂的解空间

（2）顶点约束的失效

顶点约束的失效是指顶点不再起到约束作用。在线性问题中，我们总是在有限个点中寻找最优值，即顶点处。然而，这一点在非线性规划中基本失效。一个函数的优化值可能远离其边界。如图5-11所示，图中黑色实心的点是一些局部最优解，此时的优化

解就是一个内点[1]。

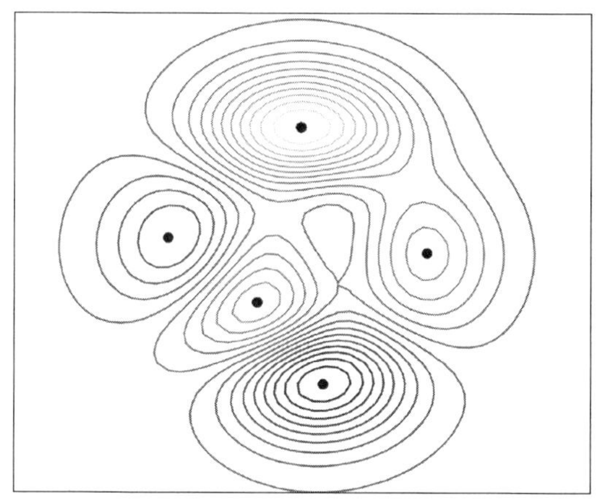

图 5-11　等值线图

（3）复杂的可行区间

在非线性规划问题中，其可行集也有可能非常复杂。可行集可能不在连续的空间中，即存在多个可行区域。

（4）初始点的选择

选择不同的初始点也可能导致不同的最终结果。我们在介绍非线性规划的计算方法时，均有一个重要环节，就是初始点的选择。比如，在图 5-11 中，如果选择了最下面的那个区域，那么可能得到的局部最优解为最下方的黑点。然而，要想找到一个合适的初始点从而找到全局最优解是非常困难的。

（5）函数的复杂与理论的多样

因为非线性问题比线性问题有更为复杂的特征，因此很难有一种能够适用于所有情况的算法。更有甚者，不同的算法甚至达到的局部最优点也不相同。另外，在解决不同的非线性问题时，

[1] 全局最优解其实就是局部最优解的特殊情况。

我们往往需要掌握很多不同的理论知识，这也为进一步研究非线性问题增加了难度。

5.3.3 程序求解

针对如下的目标函数求最小值：

$$z = x_0^2 + x_1^2$$

利用 Python 程序可以给出该函数的图像，代码如下：

```
import numpy as np
import matplotlib.pyplot as plt
from mpl_toolkits.mplot3d import Axes3D
# 默认设置下 matplotlib 图片清晰度不够，可以将图设置成矢量格式
%config InlineBackend.figure_format = 'svg'

# 定义目标函数
def f(x):
  return x[0]**2 + x[1]**2

# 定义 x 和 y 的取值范围
x = np.linspace(-5, 5, 100)
y = np.linspace(-5, 5, 100)
X, Y = np.meshgrid(x, y)

# 计算 Z 的取值范围
Z = f([X, Y])

# 绘制三维图形
fig = plt.figure()
ax = fig.add_subplot(111, projection='3d')
ax.plot_surface(X, Y, Z)
```

```
# 显示图像
plt.show()
```

目标函数的图形如图 5-12 所示。

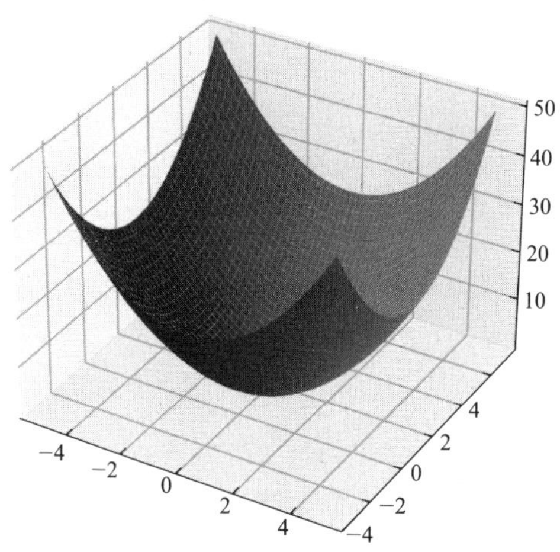

图 5-12　目标函数图像

利用 Python 绘制该函数等高线，代码如下：

```
import numpy as np
import matplotlib.pyplot as plt
# 默认设置下 matplotlib 图片清晰度不够，可以将图设置成矢量格式
%config InlineBackend.figure_format = 'svg'

# 定义要绘制的函数
def func(x, y):
  return x ** 2 + y ** 2

# 设置 x、y 范围和步长
x_min, x_max, y_min, y_max = -5, 5, -5, 5
step = 0.05
```

```
# 生成 x、y 坐标网格
x, y = np.meshgrid(np.arange(x_min, x_max, step),
np.arange(y_min, y_max, step))

# 计算对应的函数值
z = func(x, y)

# 绘制等值线图
levels = np.arange(0, (x_max - x_min) ** 2, 1)
plt.contour(x, y, z, levels=levels)
plt.gca().set_aspect('equal')
plt.xlabel("x")
plt.ylabel("y")
plt.title("Contour Plot")
plt.show()
```

目标函数的图形如图 5-13 所示。

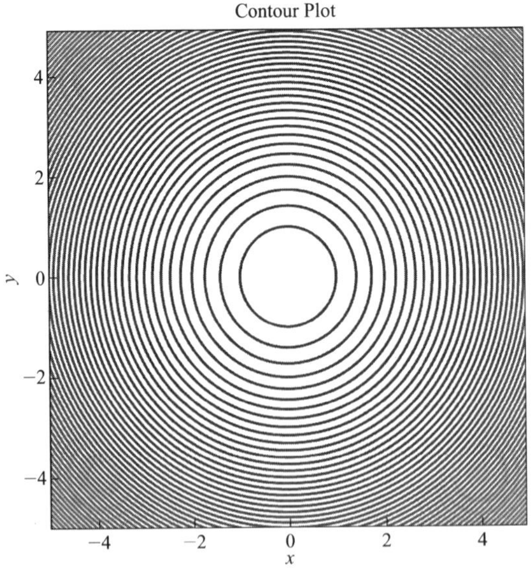

图 5-13　目标函数等高线

假设有如下的约束条件：

$$
\begin{aligned}
x_1+x_2 &\leqslant 4 \\
x_1-x_2 &\geqslant 2 \\
x_1 &\geqslant 0 \\
x_2 &\geqslant 0
\end{aligned}
$$

利用 Python 程序可以求出上述问题的最优解，首先是将约束条件转换为如下形式：

$$
\begin{aligned}
-x_1-x_2+4 &\geqslant 0 \\
x_1-x_2-2 &\geqslant 0 \\
x_1 &\geqslant 0 \\
x_2 &\geqslant 0
\end{aligned}
$$

利用 minimize 函数来求解非线性规划问题，代码如下：

```
from scipy.optimize import minimize

# 目标函数
fun = lambda x: (x[0]-1)**2 + (x[1]-2)**2

# 约束条件
cons = ({'type': 'ineq', 'fun': lambda x: -x[0] - x[1] + 4},
     {'type': 'ineq', 'fun': lambda x: x[0] - x[1] - 2})

# 定义决策变量的取值范围
bnds = ((0, None), (0, None))

# 调用 minimize 函数求解非线性规划问题的最优解
res = minimize(fun,(0, 0), method='SLSQP', bounds=bnds,
constraints=cons)

# 打印最优解和最优值
print(" 最优解 : ", res.x)
print(" 最优值 : ", res.fun)
```

结果显示如下：

```
最优解：[3. 1.]
最优值：5.000000000000018
```

上述优化问题无等式约束，下面考虑如何利用 Python 代码求解含有等式约束的非线性规划，问题如下：

$$3x_1^2+2x_1x_2+x_1x_3+2.5x_2^2+2x_2x_3+2x_3^2-8x_1-3x_2-3x_3$$

约束条件：
$$\begin{aligned}x_1+x_3&=3\\x_2+x_3&=0\\x_1+x_2&\geqslant 0\end{aligned}$$

Python 代码如下所示：

```
import numpy as np
from scipy.optimize import minimize

import numpy as np
from scipy.optimize import minimize

# 目标函数
fun = lambda x: 3*x[0]**2 +2*x[0]*x[1]+x[0]*x[2]+2.5*x
[1]**2+2*x[1]*x[2]+2*x[2]**2-8*x[0]-3*x[1]-3*x[2]

# 约束条件（同时含有等式约束与不等式约束）
cons = ({'type': 'eq', 'fun': lambda x: x[0] + x[2] - 3},
     {'type': 'eq', 'fun': lambda x: x[1] + x[2]},
     {'type': 'ineq', 'fun': lambda x: x[0] + x[1]})

# 定义决策变量的取值范围
x0_bounds = (None, None)
x1_bounds = (None, None)
x2_bounds = (None, None)
```

```
bounds = [x0_bounds, x1_bounds, x2_bounds]

# 调用 minimize 函数求解非线性规划问题的最优解
res = minimize(fun, [0,0,0], method='SLSQP',
bounds=bounds, constraints=cons)

# 打印最优解和最优值
print("最优解：", res.x)
print("最优值：", res.fun)
```

结果显示:

```
最优解：  [ 2. -1.  1.]
最优值：  -3.4999999999999982
```

第 6 章

组合优化与求解

6.1 组合优化问题

组合优化（combinatorial optimization）是一个非常重要的学科，它研究了具有离散结构的优化问题的解性质和求解方法，并将组合学、图论、拟阵、多面体、网络流、连通性、近似算法、计算复杂性和计算几何等相关领域有机地结合起来，属于运筹学和计算机科学的交叉领域。

组合优化的研究范畴主要可以分为三个方面：计算复杂性理论、算法设计与分析和应用。计算复杂性理论旨在研究组合优化问题的困难程度和计算效能的极限，同时也探讨算法的正确性、完备性和可行性等问题。算法设计与分析方面主要致力于在复杂性假设下设计和分析有效的算法，以提高问题的解决效率。而应用方面则是利用算法的理论成果，结合实际问题的特点，去解决现实生活中的问题。

组合优化问题可以根据其特征分为两类：

- 数字化的优化问题
- 结构化的优化问题

数字化的优化问题是指那些以数量或向量值及其之间的约束关系为描述方式的优化问题，例如划分（partition）问题、装箱（bin packing）问题、背包（knapsack）问题和调度（scheduling）问题等。结构化的优化问题则是利用图和网络来描述元素之间的拓扑联系，例如网络流（network flow）问题、网络设计（network design）问题、旅行商（travelling salesman）问题和设施选址（facility location）问题等。

总体来说，组合优化领域的研究重点和发展状况都非常广泛。然而，在面对许多如前文中提到的问题时，穷举搜索是不可行的，因此必须使用快速排除大部分搜索空间或近似算法来解决。

组合优化问题可以看作是在一些离散项的集合中寻找最佳元素。因此，在原则上任何类型的搜索算法或元启发式算法都可以用来解决这些问题。当前，随着人工智能技术的快速发展，组合优化领域的计算能力也在不断提高，越来越多的优化问题得到了有效解决。

6.1.1 旅行商问题

旅行商问题（travelling salesman problem, TSP）是指给定一组城市和每对城市之间的距离，访问每个城市一次并返回起点城市的最短可能路线是什么。它是组合优化中的 NP（non-deterministic polynomial，多项式复杂程度的非确定性问题）难题，现实生活中采购商问题和车辆路径问题等诸多问题都能抽象成旅行商问题。它是最受关注的优化问题之一，被用作许多优化方法的基准。该问题计算上很困难，可以用一些启发式算法解决。

旅行商问题的起源不清楚。1832 年的一本旅行推销员手册提到了这个问题，但没有数学处理。旅行商问题在 19 世纪由爱尔兰数学家威廉·罗兰·汉密尔顿（William Rowan Hamilton）和英国数学家托马斯·柯克曼（Thomas Kirkman）进行了数学公式化。20 世纪 30 年代，梅里尔·弗勒德（Merrill M. Flood）首先从数学上考虑了这个问题，当时他正在寻找解决校车路线问题的方法。

作为图问题的旅行商问题可以被建模为一个无向带权图，使得城市是图的顶点，路径是图的边，路径的距离是边的权重。这是一个最小化问题，从一个指定的顶点开始并结束，在访问每个其他顶点后恰好全部访问一次。通常，模型是一个完全图（即每对顶点都由一条边连接）。如果两个城市之间不存在路径，则添加足够长的边完成图，而不影响最优解的路径。

旅行商问题包含两个重要的约束。一是进入城市 i 的次数与从城市 i 出发的次数相等，且次数为 1；二是要消除子回路约束。对于旅行商问题，图 6-1 中（a）和（b）所示路径都满足约束条件 1，但只有图 6-1（b）是正确的路径，仅仅有一个回路（起点和终点相同的路径）；而像图 6-1（a）将一个回路拆成了两个回路的情况，将每个回路称为子回路，需要建立合适的约束条件来消除此种情况，即约束条件 2。

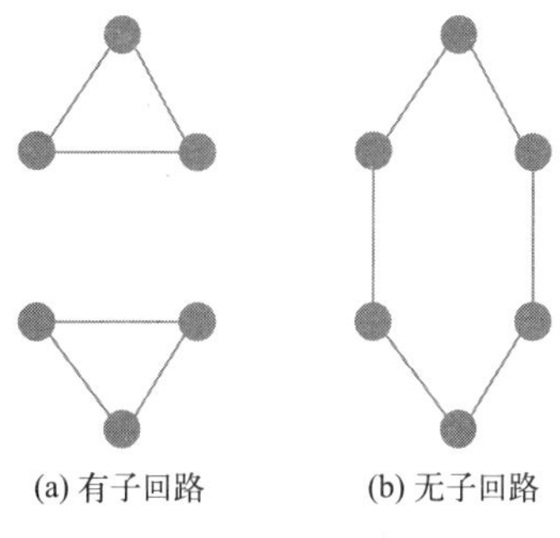

图 6-1　回路

解决旅行商问题，最直接的解决方案是尝试所有排列，并查看哪个是最便宜的，这种方式就是使用暴力搜索，随着城市数量的增加，该解决方案变得不切实际。比如，考虑城市旅行商问题，穷举所有路线，即选定起点时有 n 种选法，选定起点后的下一个目的地有 $(n-1)$ 种选择方法，再下一个是 $(n-2)$ 种，……总共有 $n!$ 种排列方法，算法复杂度达到 $O(n!)$，也就是有 2.4×10^{18} 种可能性，这个数量是非常庞大的。

得益于已经设计出了各种启发式算法，可以快速生成优质解决方案，在合理的时间内找到极其大规模（数百万个城市）问题的解决方案，这些解决方案与最优解可能相差无几[1]。很多算法都被

[1] Rego C, Gamboa D, Glover Fred et al. Traveling Salesman Problem Heuristics: Leading Methods, Implementations and Latest Advances. European Journal of Operational Research, 2011, 211 (3): 427-441.

用来解决 TSP 问题，其中比较出名的有贪心算法、动态规划、模拟退火算法、遗传算法等。

举例说明：假设有 *A*、*B*、*C* 和 *D* 四座城市，它们之间的距离如图 6-2 所示，该旅行商问题应该如何求解。

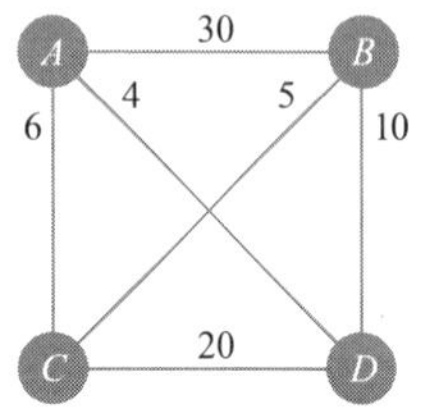

图 6-2　城市及距离

城市之间的距离也可以用如下的矩阵进行表示：

$$\begin{array}{c} \\ A \\ B \\ C \\ D \end{array}\begin{array}{c} \begin{array}{cccc} A & B & C & D \end{array} \\ \begin{pmatrix} 0 & 30 & 6 & 4 \\ 30 & 0 & 5 & 10 \\ 6 & 5 & 0 & 20 \\ 4 & 10 & 20 & 0 \end{pmatrix} \end{array}$$

我们需要求解的是访问每一座城市一次，并回到起始城市的最短回路。对于这个例子，可以看到凡是经过图 6-3 中加粗线段路径的方法均满足最小化路径下访问每一座城市一次且回到最初城市的要求。

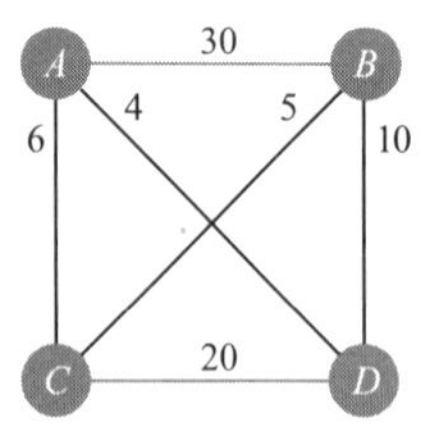

图 6-3　最短路径

利用 Python 程序对上述的旅行商问题求解，代码如下：

```
import numpy as np

def tsp(mat_d):
  num_cities = len(mat_d)
  visited = [False] * num_cities
  path = [0] * (num_cities + 1)
  min_cost = float('inf')
  min_path = []

  def dfs(current, depth, cost):
    nonlocal min_cost, min_path
    if depth == num_cities:
       cost += mat_d[current][0]
       if cost < min_cost:
          min_cost = cost
          path[num_cities] = path[0]
          min_path = path.copy()
       return

    for i in range(1, num_cities):
       if not visited[i]:
          path[depth] = i
          visited[i] = True
          dfs(i, depth+1, cost+mat_d[current][i])
          visited[i] = False

  dfs(0, 1, 0)
  return min_path, min_cost

mat_d = np.array([[0, 30, 6, 4], [30, 0, 5, 10],
              [6, 5, 0, 20], [4, 10, 20, 0]])
min_path, min_cost = tsp(mat_d)
print("最短路径为：", min_path, "，总长度为：", min_cost)
```

结果显示：

```
最短路径为： [0, 2, 1, 3, 0] ，总长度为： 25
```

6.1.2 背包问题

背包问题是经典的组合优化问题之一。背包问题的研究已经有一个多世纪了，早期的研究可以追溯到 1897 年[1]。“背包问题”一词可以追溯到数学家托比亚斯·丹齐格（Tobias Dantzig）（1884—1956）的早期作品，指的是在不超载行李的情况下装入最有价值或有用物品的普遍问题。

一个人被固定大小的背包所限制，必须把最值钱的东西装进背包，此类问题通常出现在资源分配中，决策者必须在固定预算或时间限制等约束下分别从一组不可分割的项目或任务中进行选择。背包问题出现在现实世界各种领域的决策过程中，例如寻找浪费最少的方法来削减原材料以及投资组合等。

最常见的被解决的问题是 0-1 背包问题，它将每种物品的数量限制为 0 或 1。给定一个从 1 到 n 编号的包含 n 个物品的集合，每个物品都有一个重量 w_i 和一个价值 v_i，以及一个最大容量 W，

$$\max \quad \sum_{i=1}^{n} v_i x_i, \text{s.t.} \quad \sum_{i=1}^{n} w_i x_i \leqslant W, x_i \in \{0,1\}$$

根据约束条件的不同，背包问题还可以分为有界背包问题（bounded knapsack problem，BKP）和无界背包问题（unbounded knapsack problem，UKP）。

有界背包问题消除了每种物品只有一个的限制，但将每种物

[1] Mathews G B. On the Partition of Numbers . Proceedings of the London Mathematical Society, 1897, 28: 486–490.

品的数量限制为最大的非负整数值 c，它的约束为：

$$\sum_{i=1}^{n} w_i x_i \leqslant W, x_i \in \{0, 1, 2, \cdots, c\}$$

无界背包问题不对每种物品的数量设置上限，可以像上面那样进行公式化，唯一的限制是 x_i 必须是非负整数，它的约束为：

$$\sum_{i=1}^{n} w_i x_i \leqslant W, x_i \in \mathbf{Z}, x_i \geqslant 0$$

举个例子，现在有 4 个物品，价值和重量分别为 (1,1)、(6,2)、(10,3)、(16,5)，有容量为 7kg 的背包，求在容量允许的情况下能够装下的最大价值。

解决背包问题的程序如下：

```
def knapsack(v, w, WT):    # 分别输入价值列表、重量列表以及容量约束
  return knapsack_r(v, w, WT, 0)

def knapsack_r(v, w, WT, id):
  if WT <= 0 or id >= len(v):
     return 0
  profit1 = 0
  if w[id] <= WT:
     profit1 = v[id] + knapsack_r(v, w, WT - w[id], id + 1)
  profit2 = knapsack_r(v, w, WT, id + 1)
  return max(profit1, profit2)
print(knapsack([1, 6, 10, 16], [1, 2, 3, 5], 7))
```

结果显示：

```
22
```

6.2 模拟退火

6.2.1 基本原理

模拟退火（simulated annealing，SA）是求解优化问题最常用的启发式方法之一，用于在大型搜索空间中解决优化问题。模拟退火算法基于蒙特卡洛迭代求解策略，是局部搜索算法的扩展，然而与之不同之处在于其也尝试用一定的概率选择领域中的那些明显不好的解。

该算法的名称来源于冶金学中的“退火”过程，涉及对材料进行加热和控制冷却以改变其物理特性，这两者都是与材料的热力学自由能（thermodynamic free energy）有关的属性。物理退火过程与一般组合优化问题之间具有一定的相似性，利用 Metropolis 算法并适当控制温度下降来实现模拟退火，从而进行优化问题的求解。Metropolis 准则背后的基本思想是随机执行，以额外搜索候选解的邻域，以避免陷入局部极值点。

1953 年，尼古拉斯·美特普利斯（Nicholas Metropolis）等学者提出了模拟退火算法❶。斯科特·柯克帕特里克（Scott Kirkpatrick）等学者在 1983 年第一次利用模拟退火算法对组合优化问题进行了求解❷。

模拟退火的全局搜索能力很强，这要得益于该算法的以下几个特征：

---

❶ Metropolis N, Rosenbluth A W, Rosenbluth M N, et al. Equation of State Calculations by Fast Computing Machines. The Journal of Chemical Physics, 1953, 21(6): 1087-1092.

❷ Kirkpatrick S, Gelatt J C D, Vecchi M P. Optimization by Simulated Annealing. Science. 1983: 220 (4598): 671–680.

- 几乎不用知道搜索空间的特性，只是找寻领域内的相邻解，并利用目标函数对该解进行评估。
- 利用概率指导搜索方向。
- 有效避免陷入局部最小。
- 避免对初始值的依赖。

热力学中的物理退火是一种将材料加热到足够高的温度，然后再逐渐冷却的过程。在高温下，材料中的粒子随机游动，如果温度逐渐降低直到冷却，粒子的可动性就会消失，大量的粒子会在一起形成晶体。因此对于这个系统来说，晶体状态可能是能量最低的状态。然而如果是迅速降温，材料则达不到这一状态。因此，慢慢冷却是物理退火中的关键要素。

模拟退火是一种基于热力学退火原理的计算方法，常用于优化问题求解、材料设计和模拟等领域。它通过模拟材料在高温下退火冷却的过程，寻找能量最低的状态，从而找到问题的最优解或近似最优解。

在模拟退火过程中，首先需要定义一个能量函数或成本函数，用于评估问题解的质量。然后，将问题解看作一个物理系统，其能量由成本函数决定。接着，将该系统加热到足够高的温度，使其进入高能状态。在高温状态下，问题解会随机跳动，接受一些并不好的解。这样，搜索空间就被扩大了，可以逃离局部最优解的限制。然后，逐步降温，使系统能量逐渐降低，问题解被逐渐优化，直至达到所需精度或者降温到某一温度下停止搜索。

在模拟退火过程中，温度的降低速度和最终温度的选择会影响搜索结果的质量。通常需要进行多次独立的搜索，并取多个结果的平均值来提高结果的稳定性和可靠性。此外，还需要注意调节参数，如初始温度、降温速率等，以及采用合适的搜索策略，如 Metropolis 准则等来优化搜索效果。

在具体实现上，物理退火算法中的粒子状态对应着模拟退火中的待求解变量，能量对应目标函数，而能量最低态则对应着最优解。物理退火中的溶解过程相当于模拟退火中的设定初温，算法会使用等温过程进行 Metropolis 采样，并不断降低温度实现冷却，以控制参数的下降方式来达到求解最优解的目标，这点与物理退火中的冷却是对应的。

6.2.2 参数与流程

在模拟退火算法中，有三个主要的过程，即加温过程、等温过程和冷却过程。

① 加温过程（annealing process）。在加温过程中，模拟系统被加温到一个足够高的温度，以便跳出能量局部极小值，从而更好地搜索整个解空间。此过程中，系统能量增加，温度也逐渐增加。

② 等温过程（equilibration process）。在等温过程中，模拟系统被保持在一个恒定的温度范围内，以便系统自由地探索解空间中的各个点。在这个过程中，系统会接受一些不好的解，以期在解空间中得到更好的探索。此过程中，系统的能量保持在一个相对稳定的水平上。

③ 冷却过程（cooling process）。在冷却过程中，模拟系统逐渐降低温度，以便于逐渐达到最优解或者近似最优解。温度的降低速度通常是比较缓慢的，目的是让粒子的运动减弱并趋于稳定，系统能量逐渐下降从而可以得到低能量的晶体结构。

模拟退火主要利用 Metropolis 抽样准则，让随机游走逐渐收敛于局部最优解。在这个过程中，有时得到的结果甚至比之前的结果要差，这正好印证了以退为进、却步图前的道理。

Metropolis 抽样准则认为，系统从能量状态 S_1 向能量状态 S_2

变化时，其概率为：

$$p = e^{-\frac{E_2 - E_1}{T}}$$

式中，E_1 和 E_2 分别表示状态 S_1 和状态 S_2 相应的能量；T 表示温度；E_2-E_1 则表示能量从 E_1 向 E_2 改变。

如果 $E_2 < E_1$，则表示系统可以接受状态 S_2，否则会以上述的概率 p 接受状态 S_2。从上述公式可以看到，温度 T 越高，则 p 越大。

模拟退火算法是从某个初始值开始，经过大量解的变换，找到既定控制参数下的相对最优解温度，其大小对随机过程向最优解移动的快慢有着很大的影响。

当温度 T 的值很大时，算法可以接受较差的值，随着 T 值的不断减小，算法逐渐开始只能接受相对较差的值，直至 T 趋近于 0 时，算法就不能接受任何差解，也就是说温度决定了算法接受更坏结果的概率。

温度下降速度可以利用如下的公式给出：

$$T(k) = T_I \frac{T_F^{\frac{k}{k_{max}}}}{T_I}$$

式中，k 表示迭代数；T_I 表示初始温度；T_F 表示终止时的温度，值得注意的是，终止的温度不能为 0，只能趋近于 0；k_{max} 表示迭代数的最大值。

模拟退火算法得到的最优解与初始解无关，该算法具有渐进收敛性，在理论上已经被证明是以概率 1 收敛于全局最优解的优化算法。

模拟退火算法的流程如下：

- 第 1 步：初始状态和参数设定。首先需要将问题转化为初

始状态 x_0（算法迭代的起点），同时需要设定一个较大的初始温度 T_0，以及每个 T 值的迭代次数 L；

- 第 2 步：对 k=1, …, L 进行第 3 步至第 6 步；
- 第 3 步：产生新解 $\boldsymbol{x}'$；
- 第 4 步：计算能量差。计算当前状态和新状态的能量差 $\Delta E=E_2-E_1$，其中 E_1 和 E_2 分别表示当前状态和新状态的能量，E 为评价函数；
- 第 5 步：接受或拒绝新状态。当 $\Delta E<0$ 时，新状态的能量更低，接受 x' 作为新的当前解，否则新状态的能量更高，应该以概率 $p=\mathrm{e}^{-\frac{E_2-E_1}{T}}$ 接受新状态，T 为温度；
- 第 6 步：如果满足终止条件，则输出当前解作为最优解，结束程序；
- 第 7 步：T 逐渐减小且趋近于 0，然后转向第 2 步。

6.2.3 程序代码

案例 1：有 10 件不同的物品，重量限制是 67，用 w 表示重量，v 表示价值。使用 Python 编写模拟退火算法解决 0-1 背包问题的代码如下：

```
import random
import math
w = [23, 26, 20, 18, 32, 27, 29, 26, 30, 27]
v = [505,352,458,220,354,414,498,545,473,543]
weight_limit = 67
n = len(w)

# 定义模拟退火函数
def simulated_annealing():
  # 初始化当前解和最优解
```

```
    curr_solution = [random.randint(0, 1) for i in range(n)]
    best_solution = curr_solution
    curr_energy = get_energy(curr_solution)
    best_energy = curr_energy

    # 设置必要的参数
    t_start = 10000
    t_end = 10
    alpha = 0.99

    # 迭代优化
    t = t_start
    while t > t_end:
        # 随机生成新解
        j = random.randint(0, n-1)
        new_solution = curr_solution[:]
        new_solution[j] = 1 - new_solution[j]
        new_energy = get_energy(new_solution)

        # 如果新解更优则接受新解，否则以一定概率接受差解
        if new_energy > curr_energy or (math.exp((new_
energy - curr_energy) / t)) > random.random():
            curr_solution = new_solution
            curr_energy = new_energy

        # 更新最优解
        if curr_energy > best_energy:
            best_solution = curr_solution
            best_energy = curr_energy

        # 降温
        t *= alpha
```

```
    return best_solution, best_energy

# 计算当前解的能量
def get_energy(solution):
    total_weight = sum([w[i]*solution[i] for i in
range(n)])
    if total_weight > weight_limit:
        return -1
    return sum([v[i]*solution[i] for i in range(n)])

# 执行模拟退火算法
best_solution, best_energy= simulated_annealing()

# 输出结果
print(" 最优解 : ", best_solution)
print(" 最优值 : ", best_energy)
```

结果显示：

```
最优解 :  [1, 0, 0, 1, 0, 0, 0, 1, 0, 0]
最优值 :  1270
```

从显示的结果看，将第 1、4 和 8 件物品放入背包中，可以在满足总重量约束的情况下，实现最大价值。

案例 2：假设有五座城市，它们之间的距离用如下的矩阵进行表示：

$$\begin{pmatrix} 0 & 2 & 9 & 10 & 3 \\ 2 & 0 & 6 & 4 & 8 \\ 9 & 6 & 0 & 7 & 5 \\ 10 & 4 & 7 & 0 & 1 \\ 3 & 8 & 5 & 1 & 0 \end{pmatrix}$$

利用模拟退火解决旅行商问题的代码如下：

```
import random
```

```
import math

# 定义城市数据
city_dist = [
   [0, 2, 9, 10, 3],
   [2, 0, 6, 4, 8],
   [9, 6, 0, 7, 5],
   [10, 4, 7, 0, 1],
   [3, 8, 5, 1, 0]
]

# 定义模拟退火函数
def simulated_annealing():
  # 初始化当前解和最优解
  curr_solution = list(range(len(city_dist)))
  random.shuffle(curr_solution)
  best_solution = curr_solution

  # 设置必要的参数
  t_start = 100.0
  t_end = 0.01
  alpha = 0.99
  max_iter = 10000

  # 迭代优化
  t = t_start
  for i in range(max_iter):
     # 随机生成新解
     new_solution = curr_solution.copy()
     j = random.randint(0, len(city_dist)-1)
     k = random.randint(0, len(city_dist)-1)
     new_solution[j], new_solution[k] = new_
solution[k], new_solution[j]
```

```
    # 计算两个解之间的能量差
    curr_energy = get_energy(curr_solution, city_dist)
    new_energy = get_energy(new_solution, city_dist)
    delta_energy = new_energy - curr_energy

    # 如果新解更优则接受新解，否则以一定概率接受差解
    if delta_energy < 0 or math.exp(-delta_energy / t)
> random.random():
      curr_solution = new_solution
      # 更新最优解
      if get_distance(curr_solution, city_dist) <
get_distance(best_solution, city_dist):
        best_solution = curr_solution

    # 降温
    t = t * alpha
    if t < t_end:
      break

  return best_solution

# 计算当前解的能量
def get_energy(solution, city_dist):
  # 用总路径长度作为能量值
  return get_distance(solution, city_dist)

# 计算当前解的总路径长度
def get_distance(solution, city_dist):
  distance = 0
  for i in range(len(solution)-1):
    distance += city_dist[solution[i]][solution[i+1]]
  distance += city_dist[solution[-1]][solution[0]]
  return distance
```

```
# 执行模拟退火算法
best_solution = simulated_annealing()

# 输出结果
print("最优解：", best_solution)
print("最短距离：", get_distance(best_solution, city_
dist))
```

结果如下：

```
最优解： [0, 4, 3, 2, 1]
最短距离： 19
```

从结果可以看到，如果五个城市标号分别为 A、B、C、D 和 E，那么一条最优路径为 $A \to E \to D \to C \to B \to A$。

6.3 禁忌搜索

6.3.1 基本原理

禁忌搜索（tabu search，简称 TS）是一种利用局部搜索方法进行数学优化的元启发式搜索方法，它是对局部搜索的一种扩展，属于全局邻域搜索算法。禁忌搜索的主要特征是利用记忆引导算法的搜索过程，是对人类智能过程的一种模仿。弗雷德·格洛弗（Fred W. Glover）于 1986 年首次提出这个概念[1]，并在 1989 年与 1990 年对该算法做出了完善[2][3]。

---

[1] Fred G. Future Paths for Integer Programming and Links to Artificial Intelligence. Computers and Operations Research, 1986, 13 (5): 533-549.

[2] Fred G. Tabu Search – Part 1. ORSA Journal on Computing, 1989, 1 (2): 190-206.

[3] Fred G. Tabu Search – Part 2. ORSA Journal on Computing, 1990, 2 (1): 4-32.

局部搜索（local search），也就是在邻域内搜索（neighborhood search），通过检查它的近邻，以期找到改进的解决方案。局部搜索方法可能会陷入次优解，禁忌算法因为使用灵活的存储结构以及禁忌规则而得名。

所谓禁忌是指禁止重复之前的工作。为避免局部搜索陷入局部最优的缺点，禁忌搜索算法利用禁忌表记录并阻止已访问过的局部最优解，在之后的搜索中对禁忌表中的解不再搜索或有选择性地进行搜索，从而跳出某些局部最优解。

禁忌准则的作用是避免重复搜索，而特赦准则释放一些被禁忌的解，以此增加搜索的多样性，从而保证最终找出全局最优解。

禁忌搜索可用于解决组合优化问题，目前的应用领域包括资源规划、电信、超大规模集成电路设计、财务分析、调度、空间规划、能量分配、分子工程、物流、模式分类、柔性制造、废物管理、矿产勘探、生物医学分析、环境保护等。

局部搜索背后的思想是贪婪算法，通过对当前解进行持续搜索，原理与操作上都较为简单，但是搜索的好坏则完全依赖于初始解的选择与邻域特征，容易陷入局部最优。禁忌搜索可以很好地克服这一现象。

禁忌搜索算法是人工智能与局部搜索算法的交叉融合，它从一个初始解出发，选择特定的搜索方向进行试探，也就是在初始解的领域中确定一些候选解，如果有候选解对应的目标值是目前最优的状态，则不用考虑禁忌特征，用该候选解及其对应的目标值替代初始解及其对应的目标值，并将其加入禁忌表中。

如果候选解中并不存在目前最好的值，则从这些候选解中选择不属于禁忌解的最优解，并将其设置为新的当前解，同时修改禁忌表。

禁忌算法与传统的优化算法的不同之处体现在：

① 能够避免陷入局部最优解。禁忌搜索算法在搜索空间内进行局部搜索，通过在搜索过程中存储策略，以避免陷入局部最优解。禁忌搜索算法通常使用“最晚进入，最早离开”的策略来选择禁忌解，以确保尽早恢复“被限制”的解。

② 具有全局优化性能。禁忌搜索算法在全局优化中拥有一定程度的性能优势。与传统的优化算法相比，在搜索过程中，禁忌搜索算法能够快速跳出陷入局部最优解的情况，通过搜索空间内的不同邻居获得更好的解。

③ 灵活性和适应性。禁忌搜索算法可以适应多种不同类型和规模的问题，因此可以应用于许多领域，包括组合优化、机器学习、人工智能等。此外，禁忌搜索算法具有很强的适应性，可以针对特定问题进行优化，有助于提高解决问题的效率。

④ 易于实现和调试。禁忌搜索算法具有可读性和可调整性，易于实现和调试。由于禁忌搜索算法简单易懂，因此在解决某些问题时，它可以作为首选算法来使用。

禁忌搜索算法虽然在某些领域和问题上表现优秀，但仍存在以下不足：

① 参数选择困难。禁忌搜索算法需要选择一些参数来控制搜索过程，例如禁忌列表的长度、邻域大小等。这些参数的适当选择可能因问题的复杂性而不同。因此，在应用禁忌搜索算法时，选择合适的参数可能需要一定的实验和调整。

② 记忆开销大。禁忌搜索算法需要存储已知的不良解决策略，以便避免陷入局部最优解。这些存储数据需要占用额外的空间，并且可能会增加算法的时间复杂度。

③ 局部搜索能力有限。禁忌搜索算法是一种局部搜索算法，通常仅仅能够在当前搜索空间的局部范围内搜索。因此，若问题的最佳解在搜索空间的远处，禁忌搜索算法可能不具备找到该全

局最佳解的能力，而可能停留在局部最优解上。

④ 解的质量难以估计。禁忌搜索算法探索的每个解决策略都以命题形式存在。这意味着，除非达到最大迭代次数或时间限制，否则无法保证找到全局最优解。即使找到一个看似最优的解，也无法确定该解是全局最优解，只能够保证它是已知搜索空间中最优的解。

⑤ 算法收敛速度慢。禁忌搜索算法在搜索大规模问题时，可能会陷入长时间停滞的状态，导致搜索时间变长，而且找到的解的质量也可能不是最优的。同时，在标准禁忌搜索算法中，禁忌列表需要不断更新，这也会影响算法的收敛速度和查找最佳解的效率。

6.3.2　参数与流程

该算法涉及的概念有初始解、适应度函数、邻域结构、禁忌对象、禁忌表、禁忌长度、候选解选择、特赦准则（aspiration criterion）、搜索策略以及终止规则等。

① 初始解。通常是随机给出，也可以根据具体的问题以经验产生，禁忌搜索对初始解的依赖性较强，一个好的初始解使得搜寻到最优解的可能性大大增加，而差的初始解则会降低禁忌算法的收敛速度。因此，也可以用一些其他的算法生成一些高质量的解，然后再利用禁忌算法进行搜索。

② 适应度函数。用于对解进行评价，通常将目标函数或对函数的变形作为适应度函数。

③ 邻域结构。邻域结构是一个解移动到另一个解的途径，对搜索最优解以及搜索时间有很大的影响。不同问题的邻域结构设计方式不同，常用的设计方法包含互换、插值与逆序。

④ 禁忌对象。禁忌的目的是避免迂回搜索，将禁忌对象放入

禁忌表中。

⑤ 禁忌表。禁忌表是一个列表结构，用于存储一定时间内被禁忌的解，以避免在搜索过程中在局部最优解和全局最优解之间跳跃。禁忌表中的每一个元素都是一个解，当该解被加入禁忌表中时，其他搜索过程中的解就不能选择这个被禁忌的解作为下一个解的移动方向，直到这个被禁忌的解被解禁。禁忌表的大小通常是一个可调参数，通常由问题的规模、复杂程度以及算法的运行效率等因素决定。禁忌表作为禁忌搜索算法中重要的结构之一，能够有效保证搜索的全局最优解性质，提高搜索算法的效率和准确性。

⑥ 禁忌长度。禁忌对象是在不考虑特赦准则的情况下不允许被选取的最大次数。禁忌长度是指禁忌算法的禁忌表中存储的解禁忌的时长或者步数的限制。在禁忌搜索过程中，某些解可能因为局部最优或者禁忌策略而不能被选择为下一步的移动方向。这些被禁忌的解可以通过将其加入禁忌表来保证在接下来的一定时间内不会再次被选作解的来源。禁忌长度指的是这个时间长度限制，一旦达到这个限制，这个被禁忌的解就可以被重新选择，作为下一步的移动方向。禁忌长度通常是一个可调参数，根据问题的复杂性和规模适当调整可以提高搜索效率。

⑦ 候选解选择。在当前解的领域内择优选取，如果候选解选择太多，则会增加计算的负担，但是候选解选择太少，则容易过早收敛。

⑧ 特赦准则。在禁忌搜索算法中，有可能出现所有的候选解均被禁忌的情形，也存在目前最优的解被禁忌，此时特赦准则可以将某些状态进行解禁。特赦准则的实现方式通常是对禁忌表中的每个解进行评估，判断其是否具有特殊的优势。如果是，则将其解禁，该解可以被作为下一步的移动方向，并且不受禁忌列表

的限制。

⑨ 搜索策略。搜索策略分为集中性策略和多样性搜索策略。前者会对较优解的领域进行进一步的搜索，而后者则是拓展搜索领域。

⑩ 终止准则。禁忌搜索算法可以在满足某些终止准则时停止搜索。根据问题的复杂性和计算资源的可用性，不同的终止准则可以被应用。下面列出一些常见的终止准则：

- 达到指定的迭代次数：在禁忌搜索算法中，一般会设定一个最大迭代次数。迭代次数增加到设定的最大迭代次数时就停止搜索。
- 达到满足目标函数的阈值：在禁忌搜索算法中，通常会设置一个目标函数的阈值，当搜索到的解达到或超过该阈值时，就可以停止搜索。
- 达到某对象的最大禁忌频率。某最佳适应值如果在很多迭代中保持不变，则终止搜索。

禁忌搜索算法的基本流程如下：

- 第 1 步：初始化。给定一个初始解 $\boldsymbol{x}$ 作为开始，此时将禁忌表设置为空，用于记录当前已经搜索过的解。
- 第 2 步：判断算法是否满足终止条件，若满足终止条件，则结束算法并输出优化结果，否则执行第 3 步。
- 第 3 步：邻域搜索。利用当前解，在其邻域内确定一些候选解。
- 第 4 步：判断候选解是否可行。如果候选解满足特赦准则，则利用满足特赦准则中最好的解对初始解进行替换，并用对应的禁忌信息替换最早进入到禁忌表的信息，同时更新当前的最好状态，并转向第 6 步，否则执行第 5 步。
- 第 5 步：选择候选解中非禁忌对象中最优的解作为新的解，

并用该解的禁忌信息替换最早进入到禁忌表的禁忌信息。然后转向第 2 步。

- 第 6 步：判断是否满足终止条件，若满足则搜索过程结束，并输出最优解与最优值，如果不满足，则继续迭代。

6.3.3 程序代码

案例 1：利用禁忌搜索算法求解本章 6.2.3 小节中的旅行商问题。代码如下：

```
import random

# 定义城市数据
city_dist = [
    [0, 2, 9, 10, 3],
    [2, 0, 6, 4, 8],
    [9, 6, 0, 7, 5],
    [10, 4, 7, 0, 1],
    [3, 8, 5, 1, 0]
]

# 定义禁忌搜索算法函数
def tabu_search():
    # 初始化当前解、最优解和禁忌表
    curr_solution = list(range(len(city_dist)))
    random.shuffle(curr_solution)
    best_solution = curr_solution

    # 设置必要的参数
    tabu_len = 15
    tabu_list = []
    max_iter = 1000
```

```
  for i in range(max_iter):
    # 生成邻域解
    candidate_solutions = []
    for j in range(len(curr_solution)-1):
      for k in range(j+1, len(curr_solution)):
        new_solution = curr_solution.copy()
        new_solution[j+1:k+1] = reversed(new_solution[j+1:k+1])
        candidate_solutions.append(new_solution)

    # 选择最佳邻域解（排除禁忌解）
    best_neighbor = None
    for neighbor in candidate_solutions:
      if neighbor not in tabu_list:
        if best_neighbor is None or get_distance(neighbor, city_dist) < get_distance(best_neighbor, city_dist):
          best_neighbor = neighbor

    # 当前解更新为最佳邻域解
    curr_solution = best_neighbor
    # 更新禁忌列表
    tabu_list.append(best_neighbor)
    if len(tabu_list) > tabu_len:
      tabu_list.pop(0)

    # 更新最优解
    if get_distance(curr_solution, city_dist) < get_distance(best_solution, city_dist):
      best_solution = curr_solution

  return best_solution
```

```
# 计算当前解的总路径长度
def get_distance(solution, city_dist):
    distance = 0
    for i in range(len(solution)-1):
        distance += city_dist[solution[i]][solution[i+1]]
    distance += city_dist[solution[-1]][solution[0]]
    return distance

# 执行禁忌搜索算法
best_solution = tabu_search()

# 输出结果
print(" 最优解: ", best_solution)
print(" 最短距离: ", get_distance(best_solution, city_
dist))
```

结果如下:

```
最优解:  [1, 0, 4, 3, 2]
最短距离:  19
```

这里的最优解与前文中模拟退火的并不一样，但是最短距离相同，说明在该问题中有多种可以选择的最优路径。

案例 2：利用禁忌搜索算法求解本章 6.2.3 小节中的 0-1 背包问题。

代码如下：

```
from collections import deque
import random


w = [23, 26, 20, 18, 32, 27, 29, 26, 30, 27]
v = [505,352,458,220,354,414,498,545,473,543]
weight_limit = 67
```

```
n = len(w)

# 定义禁忌搜索算法函数
def tabu_search():
  # 初始化当前解、最优解和禁忌表
  curr_solution = [random.randint(0, 1) for i in
range(n)]
  best_solution = curr_solution
  best_energy = get_value(curr_solution)

  # 设置必要的参数
  tabu_list = deque(maxlen=10)
  tabu_list.append(curr_solution[:])
  max_iter = 1000

  # Execute Tabu Search
  for i in range(max_iter):
     # 生成邻域解
     candidate_solutions = []
     for j in range(n):
        new_solution = curr_solution[:]
        new_solution[j] = 1 - new_solution[j]
        if new_solution in tabu_list:
           continue
        candidate_solutions.append(new_solution)
     candidate_energies = [get_value(solution) for
solution in candidate_solutions]

     # 选择最佳邻域解（排除禁忌解）
     best_candidate_index = candidate_energies.
index(max(candidate_energies))
     best_candidate_solution = candidate_
solutions[best_candidate_index]
     best_candidate_energy = candidate_energies[best_
candidate_index]
```

```
        # 当前解更新为最佳邻域解
        curr_solution = best_candidate_solution

        # 更新禁忌列表
        tabu_list.append(curr_solution[:])

        # 更新最优解
        if best_candidate_energy > best_energy:
            best_solution = best_candidate_solution
            best_energy = best_candidate_energy

    return best_solution, best_energy

# 计算当前解的总价值
def get_value(solution):
    total_weight = sum([w[i]*solution[i] for i in
range(n)])
    if total_weight > weight_limit:
        return -1
    return sum([v[i]*solution[i] for i in range(n)])

# 执行禁忌搜索算法
best_solution, best_energy = tabu_search()
# 输出结果
print(" 最优解 : ", best_solution)
print(" 最优值 : ", best_energy)
```

结果显示：

```
最优解 :  [1, 0, 0, 1, 0, 0, 0, 1, 0, 0]
最优值 :  1270
```

从结果看，禁忌搜索算法与模拟退火求解结果一致。

第7章 群智能算法

7.1 遗传算法

7.1.1 基本原理

早期的很多人工智能先驱们不仅对计算机学感兴趣，而且对生物学和心理学也很感兴趣，因此，他们中的很多人从未放弃从生物学中借鉴智慧来发展人工智能。比如，根据沃伦·麦卡洛克与沃尔特·哈里·皮茨的 M-P 神经元，以及大卫·休伯尔和托斯登·威塞尔的生物视觉等，发展壮大了连接主义学派。

在人工智能研究中，还有一条支线，就是遗传算法（genetic algorithm）以及遗传编程（genetic programming）等，后来的强化学习（reinforcement learning）就诞生于该支线，这就是人工智能的另一学派，称为进化学派。进化学派如果溯本追源，很多思想来自冯·诺依曼的细胞自动机。约翰·霍兰德的老师是亚瑟·伯克斯（Authur Burks），亚瑟·伯克斯是冯·诺依曼的助手，受冯·诺依曼思想的影响，曾写过《逻辑网络理论》（*Theory of Logical Nets*）一书，约翰·霍兰德的论文是《逻辑网络中的循环》（*Cycles in Logical Nets*）。

约翰·霍兰德（John Holland）被称为“遗传算法之父”，遗传算法的思想来自自适应（adaptation）思想，而这一思想受到他早期关于唐纳德·赫布（Donald Hebb）的“赫布型学习”（Hebbian learning）理论的研究和他对罗纳德·费舍尔（Ronald Fisher）的经典著作《自然选择的遗传学理论》的推动，后者将遗传学与达尔文主义的选择相结合[1][2]。1962 年开始，约翰·霍兰德全力投入适应

---

[1] Fisher R A. The Genetical Theory of Natural Selection: A Complete Variorum Edition. New York: Oxford University Press, 1930.

[2] Rochester N, Holland J H, Haibt L H, et al. Tests on a Cell Assembly Theory of the Action of the Brain, Using a Large Digital Computer. IRE Transactions on Information Theory, 1956, 2 (3): 80-93.

性理论的研究，下决心解决多基因选择的难题。1964 年获终身教授，并开始研究遗传算法。

当他在进化生物学、经济学、博弈论和控制论中进一步研究时，约翰·霍兰德认识到适应对所有这些领域都至关重要。它们都涉及智能代理，它们必须不断从不确定的环境中获取信息，并使用这些信息来改善性能以及增加生存机会。

遗传算法这一术语的使用来自他的学生约翰·丹尼尔·巴格利（John Daniel Bagley）的博士论文《采用遗传算法和相关算法的自适应系统的行为》（*The Behavior of Adaptive Systems Which Employ Genetic and Correlative Algorithms*），但当时并未形成具体的理论❶。

20 世纪 60 年代至 70 年代，约翰·霍兰德❷和密歇根大学的同事及学生们进一步研究遗传算法。1975 年，约翰·霍兰德在出版的《适应自然和人工系统》一书中提出了遗传算法并给出了遗传算法的理论框架❸。

自然种群根据自然选择和“适者生存”的原则进行进化，这是查尔斯·罗伯特·达尔文（Charles Robert Darwin）在《物种起源》（*On the Origin of Species*）中提出的思想。遗传算法则是模拟这种自然进化过程，优胜劣汰、适者生存地解决优化问题的自适应方

---

❶ Bagley J D. The Behavior of Adaptive Systems Which Employ Genetic and Correlative Algorithms. Ann Arbor: University of Michigan, 1967.

❷ 说起约翰·霍兰德，有两个题外话。一个是曾经有一个参加达特茅斯会议的机会摆在约翰·霍兰德面前，他为了一份暑期工作而没有珍惜，这可能是他最大的遗憾。另一个是现在说到人工智能是个交叉的学科，其实约翰·霍兰德一直非常鼓励交叉，也认为如果一个人在某领域扎根太早，反而有可能不利于吸取其他学科的新思想。这一点非常值得我们借鉴学习。

❸ Holland J H. Adaptation in natural and artificial systems. Ann Arbor: University of Michigan Press Ann Arbor, 1975.

法，即对种群（population）的进化过程进行模拟。一个种群是由一定数量的经过基因（gene）编码的个体（individual）构成，每个个体其实就是染色体（chromosome）。

每一个染色体，都能根据特定的问题被分配出一个适应值（fitness value），并且能够与其他染色体的适应值相比较，这在算法层面上表现为目标函数值的好坏。使用遗传算法，我们可以选择当前一代中最优秀的一些个体进行交配（crossover），从而产生更加优良的基因组合，并带来更高的进化概率。随着多代的迭代，将不断发现更加优秀的个体，它们将不断在搜索空间中前行。在进化过程中，还存在变异（mutation）。适当设计遗传算法，可以使种群逐渐收敛到问题的最优解，从而在搜寻空间中发现具有最大潜力的领域。

传统求解函数最小（大）值的方法是通过不断调整自变量的值来获得函数最值，而遗传算法则不对参数本身进行调整，而是将参数进行编码，形成位串，再对位串进行优化操作。假设使用二进制编码形式，例如求解实数区间 [0,63] 上函数 $f(x)$ 的最大值，可以将变量 x 用长度为 6 的位串表示，即从“000000”到“111111”，并将中间的取值映射到实数区间 [0,63] 内。

由于 6 位长度的二进制编码位串可以表示 0 ~ 63 之间的整数，对应到区间 [0,63]，每个相邻值之间的阶跃值为 63/63=1，这就是编码精度。一般来说，编码精度越高，所得到的解的质量也越高，意味着解更为优良；但同时也会导致遗传算法的计算量相应增加，因此算法的耗时将更长。在解决实际问题时，需要根据具体情况适当选择编码位数，以平衡精度和效率的关系。

当解用二进制表示时，如图 7-1 所示，假如生成了 4 个解，即染色体，分别为 A1、A2、A3、A4，称该种群的规模为 4。从图 7-1 中可以看到，长度为 6 的染色体中的每个数值代表基因。

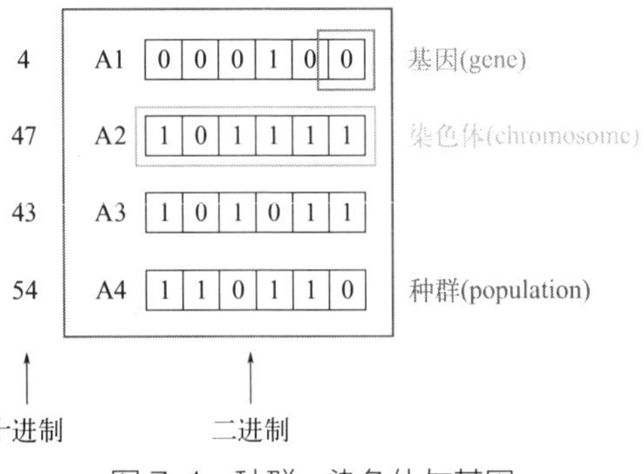

图 7-1　种群、染色体与基因

通常在遗传算法中，要实现二进制与十进制之间的相互转换。Python 实现二进制转十进制函数的代码如下：

```
def binary_to_decimal(binary):
  decimal = 0
  for digit in binary:
     decimal = decimal * 2 + int(digit)
  return decimal
```

可以利用图 7-1 中的二进制进行检验，输入 binary_to_decimal("101111")，可以得到十进制 47 的数值。

十进制数值转化为二进制函数的代码如下：

```
def decimal_to_binary(decimal):
  binary = ""
  while decimal > 0:
    remainder = decimal % 2
    binary = str(remainder) + binary
    decimal = decimal // 2
  return binary if binary != "" else "0"
```

可以利用图 7-1 中的十进制进行检验，输入 decimal_to_binary(47)，可以得到二进制为 101111。

交叉是一种共享染色体之间信息的方法，它将两个母代的染色体交叉结合，形成两个子代。这样，就有可能产生更好的染色体。以二进制的染色体进行交叉为例，就是对两个染色体，通过一种随机的方式选择位置进行切割，产生两个头部和两个尾部。然后将尾部交换后产生两个新的染色体。交叉的方式通常有单点交叉 (single point crossover) 与双点交叉 (double point crossover) 等。

这里以单点交叉为例，单点交叉顾名思义是只有一个交叉点，如图 7-2 所示，将两个染色体交叉点左右两部分进行互换，可以得到新的染色体（解）。从图 7-2 中可以看到，十进制的 43 和 54，经过单点交叉变为 46 和 51。

图 7-2　二进制单点交叉产生新解

变异是针对染色体中的基因来说的，在搜索最优解的过程中有助于从某些局部最优解中跳出。变异算子 (mutation operator) 应用在交叉产生子代之后。不像交叉率，变异率的值极小，它随机改变每一个基因。

如图 7-3 所示，在 A5 发生了变异，对应的十进制由 46 变为 62，根据适应函数给出的判断，这次的变异发现了更好的解。

图 7-3　变异产生新解

虽然基于二进制编码的遗传算法操作方便，计算简单，但是也有一些不足之处。比如在高维、连续优化问题中，传统的遗传算法采用二进制编码方式不能很好地适应问题的要求。因为连续量离散化为二进制量会产生精度误差，使得算法难以找到全局最优解。此外，当需要提高解的精度时，需要增加编码串的长度，从而增大了解空间，导致算法效率下降，运行时间变长。

此外，在遗传算法中，每个个体都有一串基因，即染色体表示。这些基因通过变异和交叉等遗传操作生成新个体，形成了基因空间。同时，每个个体表示一个解，这些解构成了解空间。因此，在遗传算法中存在着基因空间与解空间之间的转换。遗传算法会比较当前群体内每个个体的适应度，根据适应度大小选择一定数量的个体作为下一代的父代。因此，适应度评估也需要对每个解进行一次映射，从而将解空间转换为基因空间。此外，对于实数编码，还需要进行编码 - 解码过程，这也会增加计算量。

为了解决这些问题，研究者们通过实数编码的方式对遗传算法进行改进。实数编码可以保留连续性变量的信息，具有更高的精确度和更适合某些复杂问题的表达能力。在实数编码中，个体表示为实数，这样可以直接计算出函数值，无须经过解码过程，可有效避免二进制编码带来的精度损失。同时，实数编码也易于与连续优化算法结合使用，并适用于数值优化问题，可以充分发挥遗传算法的优势。

7.1.2 参数与流程

遗传算法是人工智能算法之一，这里借遗传算法探讨一下人工智能算法的以下几个问题。

① 目标与目标函数。人工智能的核心问题，就是要有一个量化的目标，并且能够判断它的好坏，以及现在距离目标的状态。从这个

角度上来说，这些算法的问题最终都演变成一个优化问题，只是优化的内容有差异，比如图像识别、语音识别、路径规划以及一些机器学习的算法等。遗传算法可以处理很多领域中的棘手问题，一般情况下，每一个问题都会有对应的适应函数，它用来进行解的选择。

② 求解。由于环境复杂，很多问题的困难体现在搜索空间巨大、构建的函数不连续或者不光滑、复杂上，传统的算法很难解决这类问题。而利用遗传算法这样的人工智能技术，不需要过多考虑目标函数的复杂性，只需要提供解（即染色体），就能得到目标函数的函数值，然后利用适应函数对比其他解进行优劣判断。好的个体能够被赋予再生的机会，比如进行交叉，当然算法中也会考虑到进化过程中的变异，最终产生问题的近似最优解。

③ 停止求解。求解往往要耗费大量的时间和资源，从收益与成本方面考虑，需要设置一个终止条件，比如结合实际问题，认为已经找到一个可以满足问题的解[1]，或者是遗传算法经历了多少代，又或是误差已经到了一个认为可以接受的程度等。

遗传算法是一种基于进化原理的优化算法，遗传操作是其核心部分，包括选择、交叉和变异三种基本遗传算子。在遗传算法中，通过选择、交叉和变异三种基本遗传算子来模拟自然进化的过程，以期望找到全局最优解。这些遗传算子是实现遗传算法的关键，通

---

[1] 用优化的语言讲就是不需要找一个全局最优点，而是要找到一个满足的局部最优解。这点与赫伯特·西蒙（Herbert A. Simon）的满意度（satisficing）同出一辙。满意度模型是赫伯特·西蒙提出的决策模型，它认为人在决策过程中不一定总是追求最大化或最优化，而是考虑自己的满意度。这是因为人的观念、智慧、认知力、知识、技能、精力、时间等是有限的，无法完全考虑到所有的问题和解决方案，只能在现实条件下寻找一个基本满意的解决方案。在满意度模型中，人们不会一味追求最佳目标和最佳方法，而是寻找一个基本满意的解决方案即可。如果决策者对目标和手段基本满意，就会做出决定并开始行动。这种决策方式不仅适用于个人的日常生活，也适用于公司、组织等集体的决策过程。

过不断的迭代和演化，逐步提高种群的适应度，最终得到最优解。

首先是选择算子，它主要用于选择优秀的个体作为下一代的父代。遗传算法中通过适应度函数来评价每个个体的优劣程度，然后根据适应度值对个体进行排序，将优秀的个体保留下来作为下一代的父代。这样可以确保每一代的种群都是由优秀的个体组成的，从而加快收敛速度，提高搜索效率。

在遗传算法的选择算子环节中，个体从种群中选择出来进行再组合，产生下一代。母体(parents)被随机地抽选出来。在每一代中，那些携带好基因的母体被选出来的概率远远大于那些基因不好的母体。

选择算子中的方法有很多，其中，轮盘赌选择是最经典也是最有名的一种选择方式，它根据每个染色体的适应值的优劣来确定被选概率，属于一种随机采样的过程。好的染色体在轮盘赌选择中被赋予大的概率，因此在选择时，被选中的概率也相应增大。

如果 f_i 是种群中第 i 个个体的适应值，那么它被选中的概率可以用如下的公式表示：

$$p_i=\frac{f_i}{\sum_{j=1}^{N} f_j}$$

式中，N 代表种群规模。

以前文中 4 个解 A1、A2、A3、A4 为例，假设这里的适应函数为 x^3，则解、适应值以及选择概率如表 7-1 所示：

表 7-1　解、适应值以及选择概率

序号	解	适应值	选择概率
1	4	64	0.000187761
2	47	103823	0.304593115
3	43	79507	0.233255491
4	54	157464	0.461963633

旋转轮盘进行随机选择，如图 7-4 所示。虽然具有更高适应度的候选解决方案被淘汰的可能性较小，但仍存在被淘汰的可能性，因为它们的选择概率小于 1。较弱的解决方案仍有可能在选择过程中幸存下来，这是因为即使较弱的解决方案能够幸存的概率很低，但它不是零，这意味着它们仍有可能幸存，这是一个优势，因为即使是弱的解决方案也可能具有某些特征或特性。

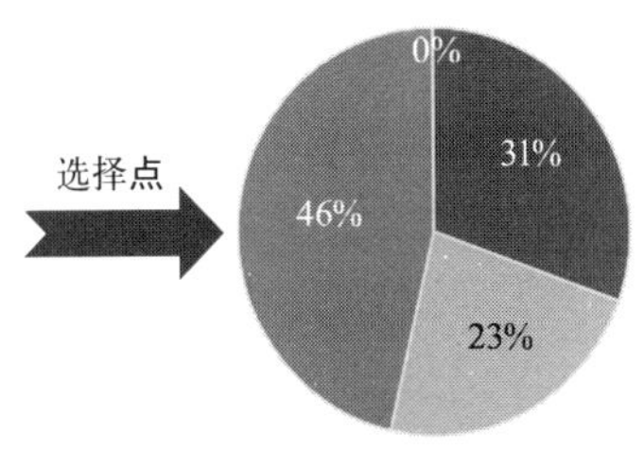

图 7-4　轮盘赌示意图

轮盘赌（图 7-4）尽管选择起来十分方便，然而也存在一些劣势，这里就不再赘述，感兴趣的读者可以查阅其他相关资料。其他一些常见的选择方法如排序选择、Top-N选择[1]、$(\mu+\lambda)$选择、竞争式选择也在被广泛使用，每种选择方法均有自己的优点与缺点。其中，Top-N 选择是从种群中选择 N 个最好的染色体替代最坏的那些染色体的方法，这种思路有点类似于精英选择（elitist selection），精英选择是一种确保在每一个世代中的最好的染色体未被选中时，也能够传到下一个世代的选择方法。

种群中的染色体进行随机式的交叉是在一定的概率下完成的，称这个概率为 p_c。通常，p_c 的范围被建议在 [0.5,1] 之间。

其次是交叉算子，它用于生成新的个体。在交叉过程中，从选择的父代个体中随机选择两个个体，并从某个位置开始互换染

[1] 类似于精英选择（elitist selection）的思路。

色体片段。这样可以保留父代个体中的优良遗传信息，并产生新的个体。交叉算子主要用于增加种群的多样性，使得种群能够更好地探索搜索空间，防止搜索陷入局部最优解。

实数编码下，交叉的方式有平点交叉、简单交叉、算术交叉、线性交叉、扩展线性交叉、BLX-α 交叉等，其中，算术交叉算子的基本概念来自凸集理论，通过算术交叉可以产生两个子代：

$$x_1'=\lambda x_1+(1-\lambda)x_2$$
$$x_2'=\lambda x_2+(1-\lambda)x_1$$

式中，$\lambda\in(0,1)$。

最后是变异算子，它用于引入随机性，从而增加搜索空间的覆盖率。在变异过程中，随机选择一个个体的某个基因，并进行随机变化，从而产生一个新的个体。变异算子主要用于防止搜索陷入局部最优解，避免种群过早收敛。变异算子中有均匀变异、非均匀变异、有向变异、高斯变异等。

种群中的染色体进行随机式的变异同样也是在一定的概率下完成的，称这个概率为 p_m。通常，p_m 的范围被建议在 [0.001,0.1] 之间。

图 7-5 给出的是传统遗传算法的流程，从图中可以看到，遗传算法中包含以下几个步骤。

- 第 1 步（确定问题）：定义目标函数及约束条件等。
- 第 2 步（初始化种群）：通过随机的方式生成初始染色体。
- 第 3 步（评估及判断）：计算出适应值并根据一定的准则进行判断，如果达到要求就停止“进化”，如果达不到要求则进行下一步。
- 第 4 步（产生下一代）：根据遗传算子产生下一代，利用算

子做“进化”，然后跳转到第 2 步[1]。

传统遗传算法的流程如图 7-5 所示。

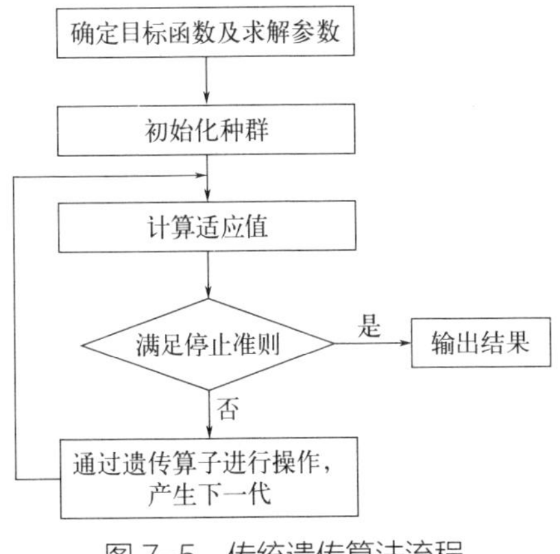

图 7-5　传统遗传算法流程

7.1.3　程序代码

在数学优化中，Rosenbrock 函数是一种非凸函数，由 Howard H. Rosenbrock 于 1960 年提出，它也被称为香蕉函数（banana function），因图像形状像一个倒置的香蕉而得名，从中心点开始向两侧呈现出弯曲的形态。

香蕉函数用于优化算法的性能测试问题，该函数的全局极小值位于一个狭长的抛物线状平坦山谷内，找到低谷是很容易的，然而收敛到全局最小值的谷底是困难的。

[1] 模仿生物遗传与进化的编码方法有很多，不同的编码方式会构成不同的遗传算法。大卫·戈德堡（David Goldberg）总结出了一套基本的遗传算法编码方式，确定了仅使用选择、交叉和变异 3 种基本的遗传算法。关于遗传算法，可以参看大卫·戈德堡所著的《遗传算法在搜索、优化和机器学习中的应用》（*Genetic Algorithms in Search, Optimization and Machine Learning*）一书，该书是目前为止最畅销的遗传算法入门书之一。大卫·戈德堡是该领域最杰出的研究人员之一，发表了 100 多篇关于遗传算法的研究文章，是遗传算法之父约翰·霍兰德的学生。

香蕉函数的具体数学表达式如下：

$$f(x, y)=(a-x)^2+b(y-x^2)^2$$

该函数有一个全局最优解，位于 $(x,y)=(a,a^2)$，其函数值为 $f(x,y)=0$。一般情况下设 $a=1$，$b=100$。当 $a=0$ 时是对称的，最小值在原点。图 7-6 和图 7-7 分别给出了 $a=1$，$b=100$ 时香蕉函数的三

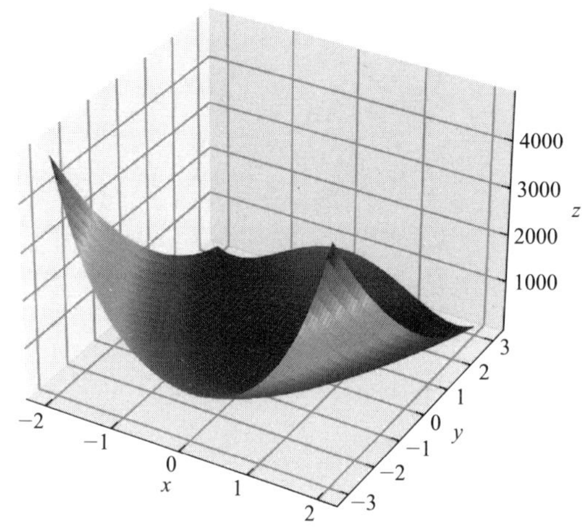

图 7-6　香蕉函数三维图

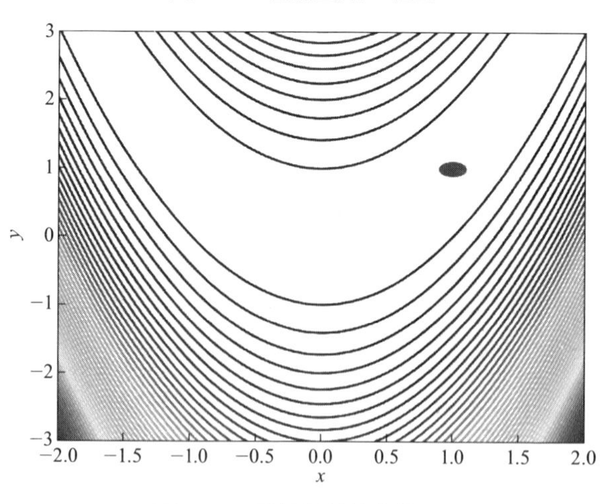

图 7-7　香蕉函数等值线图

维图像与等值线，从图 7-7 中可以看到，填充的区域为函数最小值 (1,1) 的邻域。

遗传算法求解香蕉函数最优解的代码如下：

```
import random
import matplotlib.pyplot as plt

# 定义目标函数
def fitness(x, y):
  return (1 - x) ** 2+100 * (y - x ** 2) ** 2

# 设置参数
POP_SIZE = 200   # 种群大小
SELECTION_RATE = 0.5   # 选择率（即按适应值排序后选取前
50% 个体）
CROSSOVER_RATE = 0.9   # 交叉率
MUTATION_RATE = 0.05   # 变异率
GENERATIONS = 100   # 进化代数

# 初始化种群
population = [(random.uniform(-5, 5), random.
uniform(-5, 5)) for i in range(POP_SIZE)]

# 记录最优解和适应值
best_individual = None
best_fitness = float('inf')
fitness_history = []
avg_fitness_history = []   # 记录所有个体适应值平均值的历史
变化

# 开始迭代
for gen in range(GENERATIONS):
    # 计算每个个体的适应值
```

```
    fitnesses = [fitness(x, y) for x, y in population]

    # 记录最优解和适应值
    for i in range(POP_SIZE):
      if fitnesses[i] < best_fitness:
         best_individual = population[i]
         best_fitness = fitnesses[i]

    fitness_history.append(best_fitness)
    avg_fitness_history.append(sum(fitnesses) /
len(fitnesses))

    # 进行选择
    sorted_population = [x for _, x in
sorted(zip(fitnesses, population))]
    selected_population = sorted_
population[:int(SELECTION_RATE * POP_SIZE)]

    # 进行交叉和变异
    new_population = []
    while len(new_population) < POP_SIZE:
      # 随机选择两个父代个体并进行交叉
      parent1, parent2 = random.sample(selected_
population, 2)
      child1, child2 = parent1, parent2

      if random.random() < CROSSOVER_RATE:
         alpha = random.uniform(0.0, 1.0)
         child1 = (alpha * parent1[0] + (1 - alpha) *
parent2[0],
                  alpha * parent1[1] + (1 - alpha) *
parent2[1])
```

```
        child2 = (alpha * parent2[0] + (1 - alpha) *
parent1[0],
                  alpha * parent2[1] + (1 - alpha) *
parent1[1])

      # 变异
      if random.random() < MUTATION_RATE:
         x, y = child1
         x += random.uniform(-1, 1)
         y += random.uniform(-1, 1)
         child1 = (x, y)

      if random.random() < MUTATION_RATE:
         x, y = child2
         x += random.uniform(-1, 1)
         y += random.uniform(-1, 1)
         child2 = (x, y)

      new_population.extend([child1, child2])

   # 更新种群
   population = new_population[:POP_SIZE]

# 输出最优解和适应值
print(" 最优解 :", best_individual)
print(" 最优值 :", best_fitness)

# 绘制迭代图
plt.plot(fitness_history)
plt.plot(avg_fitness_history)
plt.xlabel("Generation")
plt.ylabel("Fitness")
```

```
plt.title("Evolution of Fitness")
plt.legend(["Best fitness", "Average fitness"])
plt.show()
```

结果显示:

```
最优解: (0.9742532572588934, 0.9503402221672784)
最优值: 0.0007999750435806326
```

从结果看，经过 100 轮迭代后已经逼近了最优解 (1,1)，此时的最优值约为 0。图 7-8 给出了遗传算法的迭代过程，可以看到，适应值在迭代初期迅速下降，然后开始趋于平缓。

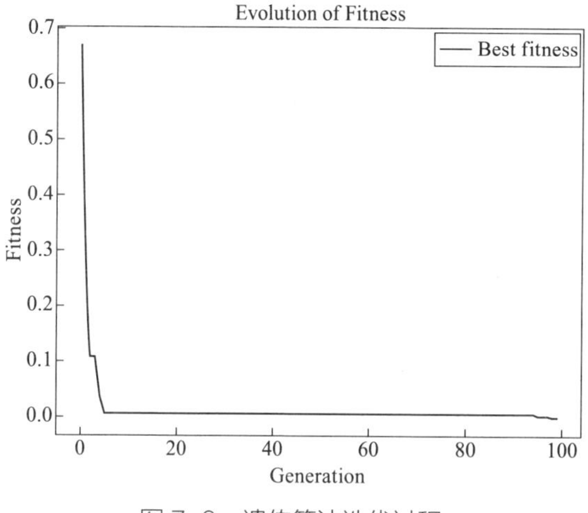

图 7-8 遗传算法迭代过程

7.2 蚁群算法

7.2.1 基本原理

蚁群算法（ant colony optimization，ACO）是一种解决计算问题的概率技术，用来在图中寻找优化的路径。蚁群算法的灵感来

源于蚂蚁在外出找寻食物的过程中如何发现路径的行为。蚁群算法的优点之一是它可以应用于各种组合优化问题，例如旅行商问题、二次分配问题和作业车间调度问题，蚁群算法可以适用于离散型问题，也可以扩展到连续型问题。

但是，蚁群算法也有一些局限性。它收敛到最优解的速度可能很慢，而且可能会陷入局部最优解。蚁群算法的性能严重依赖于参数设置，例如信息素蒸发率、信息素沉积率和启发式函数。因此，调整这些参数可能是一项具有挑战性的任务。

蚁群算法是 Marco Dorigo 于 1992 年在他的博士论文《蚂蚁系统：通过合作代理群的优化》(*Ant System: Optimization by a Colony of Cooperating Agents*)中提出的，当时属于解决离散型问题的蚁群算法[1]。后续不少学者对蚁群算法进行了改进，使其可以解决连续型问题[2][3]。

蚂蚁是群居昆虫，它们在外出寻找食物时，最初是随机搜索，当找到食物后，蚂蚁会沿途在经过的路径上释放信息素(pheromone)。信息素是一种分泌的化学传讯素(semiochemical)，是能够像激素一样在分泌个体的体外发挥作用的化学物质，以影响接受个体的行为，从而在同一物种的成员中引发社会反应。

由于蚂蚁是通过信息素痕迹相互交流，得益于同伴留下的信息素，蚂蚁移动到该位置并沿着踪迹行走的可能性大大增加，也就是说，信息素改变了原本随机行走的行为，使得蚂蚁具有了随

---

❶ Dorigo M. Optimization, Learning and Natural Algorithms. Milano: Politecnico di Milano, 1992.

❷ Blum C, Socha K. Training Feed-forward Neural Networks with Ant Colony Optimization: An Application to Pattern Classification. Fifth International Conference on Hybrid Intelligent Systems, 2005, 6.

❸ Blum C. Ant Colony Optimization: Introduction and Recent Trends. Physics of Life reviews, 2005, 2(4): 353-373.

机行走与有目标行走两种行为。

当一只蚂蚁找到一条从蚁群到食物来源较短的路径时，其他蚂蚁更有可能沿着这条路径行走，它们也会在这条路径上释放信息素，而正反馈最终会导致这条路径上拥有更多信息素，从而使得更多蚂蚁沿着该路径行走。而此时较长路径上的信息素痕迹会随着时间的推移而逐渐挥发。如图 7-9 所示。

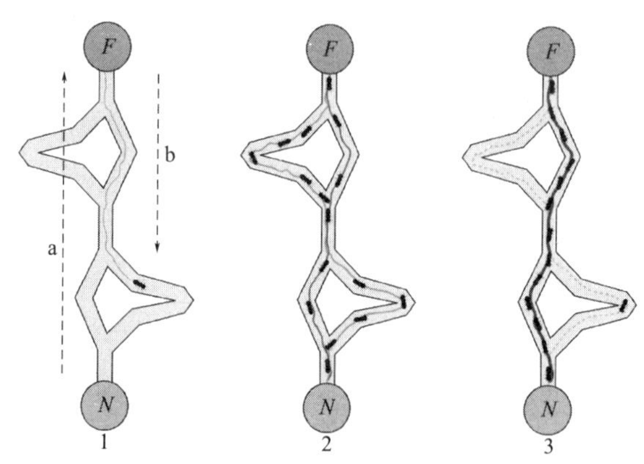

图 7-9　蚂蚁发现最短路径[1]

为了进一步具体说明蚂蚁寻找最短路径的过程，假设只考虑巢穴与食物之间的两条可能路径，此时所有的蚂蚁都在它们的巢穴中，环境中没有信息素含量，如图 7-10 所示。

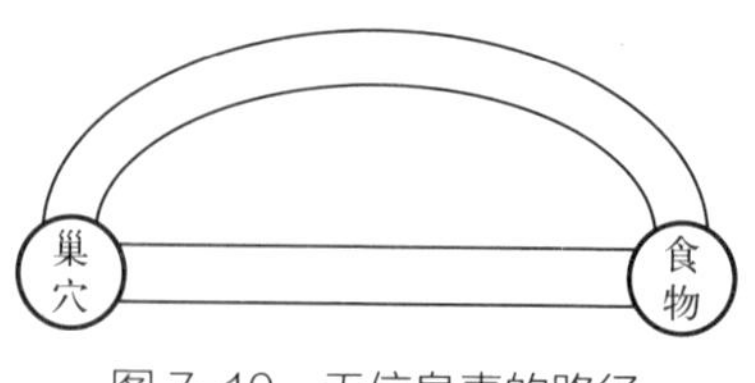

图 7-10　无信息素的路径

[1] Toksari M D. A Hybrid Algorithm of Ant Colony Optimization (ACO) and Iterated Local Search (ILS) for Estimating Electricity Domestic Consumption: Case of Turkey. International Journal of Electrical Power & Energy Systems, 2016, 78: 776-782.

蚂蚁开始搜索，由于地面上没有信息素，所以蚂蚁选择这两条路径的概率相等，均为50%。显然，弯曲的路径更长，因此，该路径上的蚂蚁到达食物的时间比其他路径更长，如图7-11所示。

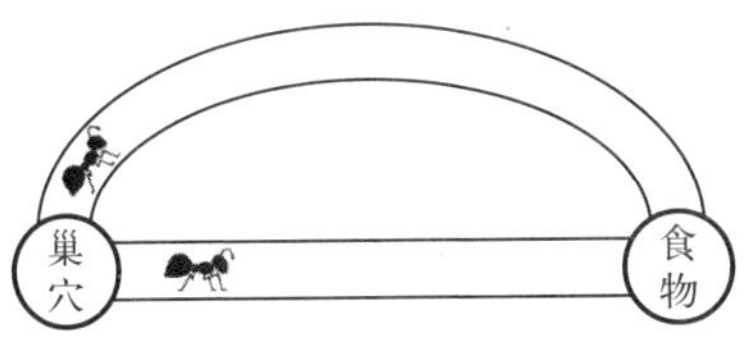

图7-11　等概率选择出行路径

正是因为两条路径距离不同，因此走较短路径的蚂蚁将比另一只更早到达食物，如图7-12所示。

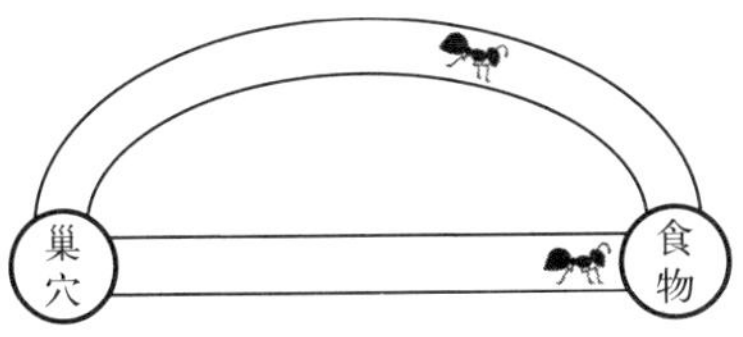

图7-12　走短路的蚂蚁先觅食

找到食物后，蚂蚁会携带一些食物返回巢穴，并在返回的路径上沉积信息素。遵循较短路径的蚂蚁将更早到达巢穴。当第三只蚂蚁想出去寻找食物时，由于较短的路径比较长路径上有更多的信息素，第三只蚂蚁会沿着有更多信息素的路径前进，如图7-13所示。

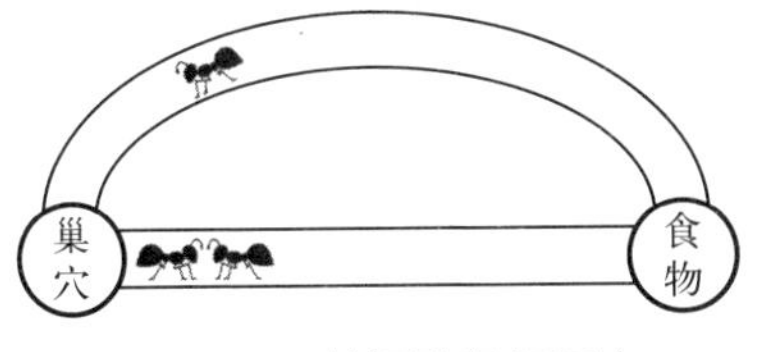

图7-13　较短路径早回家

当遵循较长路径的蚂蚁回到蚁群时，已经有更多的蚂蚁遵循信息素水平较高的路径，如图7-14所示。

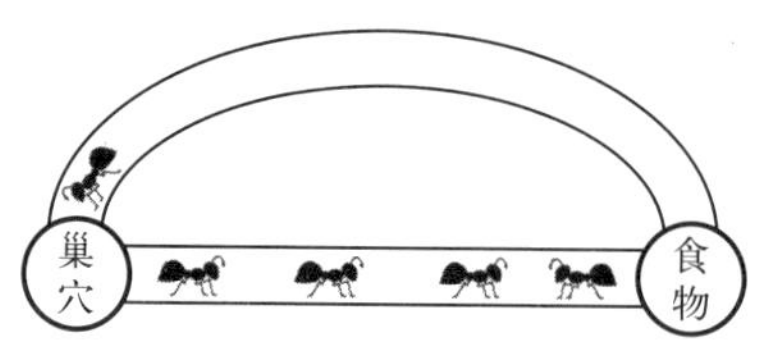

图 7-14　路径优势显现

更多的蚂蚁通过较短的路径返回，信息素的浓度也随之增加。此外，由于挥发的原因，较长路径上的信息素浓度降低，选择这条路径的概率也降低。因此，整个蚁群逐渐以更高的概率使用较短的路径。因此，路径优化得以实现，如图 7-15 所示。

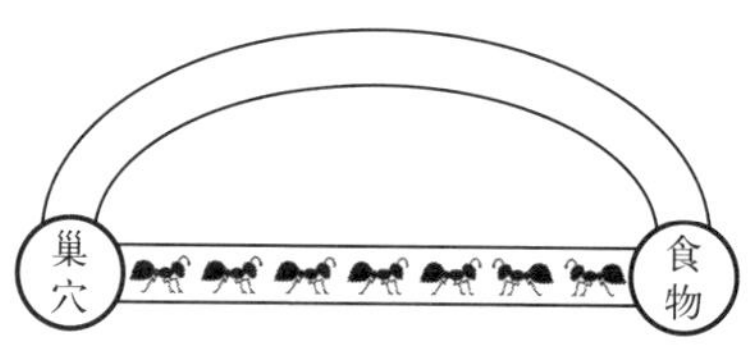

图 7-15　最优路径的确定

从上述蚁群觅食的原理可以看出，信息素在其中发挥了重要的作用。信息素浓度的大小可以与路径的远近进行关联，也就是某路径上的信息素浓度越高，则说明该路径距离越短。

按照信息素的原理设计优化算法，可以考虑将蚂蚁寻觅食物所涉及的路径表示优化问题的可行解，那么所有蚂蚁行走的路径就构成了优化问题的解空间。随着时间的推移，较短路径上的信息素含量不断升高，选择某路径的蚂蚁数量也不断增多。最终的结果是所有的蚂蚁都会在最短的路径上行走，此时的最短路径也就是所求的最优解。

7.2.2　参数与流程

以蚁群算法解决旅行商问题为例，假设初始时刻蚁群规模即蚁群中蚂蚁的数量为 m，随机的布局在 n 座城市。蚁群算法不仅需要每只蚂蚁都具备自适应能力，更需要蚁群之间的协作能力。之所以蚁群在搜索过程中表现出一种复杂而井然有序的行为，正是因为它们相互间的信息交流与相互协作。

在蚁群算法中，每只蚂蚁在一次迭代中所走过的路径代表可行解空间的一个解。因此，蚂蚁数量增多，则可以提升蚁群算法的全局搜索能力。然而，当蚂蚁的数量多到一定程度时，那些被搜索过的路径上的信息素的变化会趋同，导致信息正反馈不明显（随机性增强，收敛速度减弱）。

蚁群的数量也不能太小，如果太小，可能导致某些未被搜索到的路径上的信息素接近于0，搜索的随机性减弱但是收敛速度加快，牺牲了算法的全局性。

城市 i 与城市 j 之间的距离为 d_{ij}，$i,j=1,2,\cdots,n$，t 时刻城市 i 与城市 j 连接路径上的信息素浓度为 $\tau_{ij}(t)$，并设最初时刻各路径上的信息素浓度相同，即 $\tau_{ij}(0)=c$。每只蚂蚁根据路径上残存的信息素量以及两城市之间的距离彼此独立地选择下一座城市，第 $k(k=1,2,\cdots,m)$ 只蚂蚁在 t 时刻，从城市 i 转移到城市 j 的概率 $p_{ij}^{k}(t)$ 如下：

$$p_{ij}^{k}(t)=\begin{cases}\dfrac{[\tau_{ij}(t)]^{\alpha}\cdot[\eta_{ij}(t)]^{\beta}}{\sum\limits_{s\in J_k(i)}[\tau_{is}(t)]^{\alpha}\cdot[\eta_{is}]^{\beta}}, & j\in J_k(i)\\ 0, & \text{其他}\end{cases}$$

$J_k(i)$ 表示该蚂蚁下一次可以到访城市的集合，此时假设每只蚂蚁到访过的城市都会放置到它专属的访问表中，当 n 座城市全部放入访问表后，该蚂蚁便完成了一次环游。

$\eta_{ij}(t)$ 为启发式函数，表示蚂蚁对城市 i 与城市 j 的期望程度，通常为城市 i 与城市 j 之间距离的倒数。

最初时，$J_k(i)$ 中有 $n-1$ 个元素，也就是不含该蚂蚁出发的城市。随着时间推移，$J_k(i)$ 中的元素不断减少直至为空，即访问完所有城市。

α 代表信息素重要程度因子，α 值越大，则认为信息素的浓度在转移中所起的作用越大。β 为启发函数重要程度因子，β 越大，则认为蚂蚁会以更大的概率转移到距离短的城市。信息素重要程度因子表示信息素的含量对是否选取当前路径的影响程度。α 越大，则说明信息素对蚂蚁路径搜索影响越大，使其选择之前路径的可能性增大，从而降低了蚂蚁“盲目”搜索的可能性。此外，α 也不能过小，否则算法容易过早陷入局部最优解。

启发函数重要程度因子表示在蚂蚁搜索最优路径时，确定性等因素的作用强度。β 的值越大，蚂蚁选择某最短路径的可能性就越大，此时尽管可能加快收敛，然而却容易导致陷入局部最优解。

因此，从 α 和 β 的说明不难看出，蚁群算法既要有一定的随机性进行全局搜索，又要具备一定的确定性加快收敛。因此，蚁群算法如果想要获得更好的解，需要再从随机性与确定性之间找到一个平衡进行合理搭配。

当所有的蚂蚁完成一次环游后，路径中的信息素通过如下公式进行更新：

$$\tau_{ij}(t+n)=(1-\rho)\tau_{ij}(t)+\Delta\tau_{ij}$$

式中，$\rho(0<\rho<1)$ 表示路径上信息素的挥发系数，$1-\rho$ 为信息素的持久系数，因为在蚂蚁释放信息素的同时，路径上的信息素也在逐渐挥发。

信息素挥发程度直接影响蚁群算法的全局搜索与收敛。信息素挥发程度应该介于 0 ~ 1 之间，它反映了蚁群中个体之间的相互影响程度，当 ρ 过小，则说明之前已经行走过的路径再次被选中的概率变大，从而对算法产生一定的影响；如果 ρ 过大，则说明路径上的信息素挥发得较快，尽管一定程度上提升了算法全局随机搜索性能，但是也导致了一定程度的收敛缓慢。

$\Delta\tau_{ij}$ 表示此次迭代中路径 ij 上的信息素增量：

$$\Delta\tau_{ij}=\sum_{k=1}^{m}\Delta\tau_{ij}^{k}$$

式中，$\Delta\tau_{ij}^{k}$ 表示第 k 只蚂蚁在本次迭代中留在 ij 上的信息素量，如果第 k 只蚂蚁没有经过 ij，则 $\Delta\tau_{ij}^{k}=0$，即：

$$\Delta\tau_{ij}^{k}=\begin{cases}\dfrac{Q}{L_k}, & \text{当第}k\text{只蚂蚁在本次周游中经过路径}ij\text{时}\\ 0, & \text{其他}\end{cases}$$

式中，Q 为信息素总量，是一个大于 0 的常数；L_k 表示第 k 只蚂蚁周游时所走的路径长度。

上述的模型称为 ant cycle 模型，此外还有 ant quantity 模型和 ant density 模型等，这里就不再赘述。本书选用 ant cycle 模型，因为其利用全局的信息对路径中的信息素含量进行更新[1]。

算法在达到最大迭代次数或找到令人满意的解决方案时终止。蚂蚁找到的最佳解决方案随后作为算法的输出返回。

该代码实现了基于蚁群（ant colony）算法的求解旅行商问题（TSP）的主体流程。其具体步骤如下：

- 第 1 步：定义参数，如城市数、蚂蚁规模、信息素重要程度因子、启发函数重要程度因子、信息素挥发因子、常量 Q、迭代次数以及城市距离矩阵和信息素矩阵等。
- 第 2 步：依据信息素浓度和城市间距离计算蚂蚁从城市 j 到城市 k 的转移概率。

---

[1] Dorigo M, Gambardella L M. Ant Colony System: A Cooperative Learning Approach to the Traveling Salesman Problem. IEEE Transactions on evolutionary computation, 1997, 1(1): 53-66.

- 第 3 步：蚂蚁 k 在当前城市选择下一个要访问的城市，按照转移概率随机选择。
- 第 4 步：所有蚂蚁完成一遍移动后更新信息素矩阵。
- 第 5 步：循环多次迭代，每次迭代之后进行最优路径的计算和更新。
- 第 6 步：判断结果是否满足条件，如果满足则输出最优路径和路径长度，否则转到第 2 步。

蚁群算法流程如图 7-16 所示。

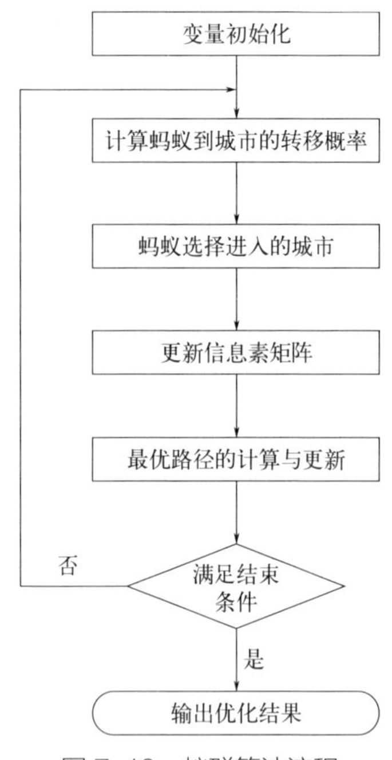

图 7-16　蚁群算法流程

7.2.3　程序代码

旅行商问题是指给定 n 个城市和它们之间的距离矩阵，求一条最短的路径，使得该路径经过每个城市恰好一次并返回起点。

这是一个 NP-hard 问题，也就是说，随着城市数目的增加，计算最优解所需的时间会呈指数级增长。

城市间的距离如图 7-17 所示。

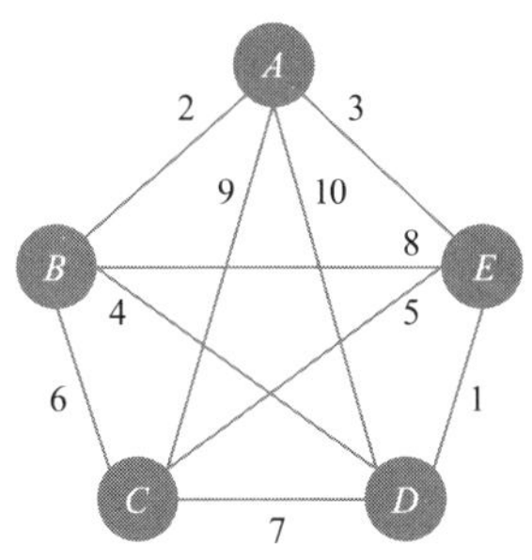

图 7-17　城市距离

利用蚁群算法求解该旅行商问题的 Python 程序如下：

```
import random
import numpy as np


# 首先定义一些参数
num_city = 5  # 城市数目
num_ant = 50  # 蚂蚁数目
alpha = 1  # 信息素重要程度因子
beta = 2  # 启发函数重要程度因子
rho = 0.1  # 信息素挥发因子
Q = 1  # 常量Q
num_iter = 50  # 迭代次数

city_dist = [
   [0, 2, 9, 10, 3],
   [2, 0, 6, 4, 8],
   [9, 6, 0, 7, 5],
   [10, 4, 7, 0, 1],
```

```
    [3, 8, 5, 1, 0]
]  # 城市距离矩阵

pheromone = np.ones((num_city, num_city))  # 初始化信息
素矩阵

# 计算蚂蚁 i 从城市 j 到城市 k 的转移概率
def calculate_prob(i, j, k, visited, pheromone, city_
dist):
  num = (pheromone[j][k] ** alpha) * ((1 / city_dist[j]
[k]) ** beta)  # 计算分子
  den = 0  # 计算分母
  for l in range(num_city):
     if l not in visited[i]:
        den_l = (pheromone[j][l] ** alpha) * ((1 /
city_dist[j][l]) ** beta)
        den += den_l
  return num / den

# 蚂蚁 i 的移动过程
def ant_move(i, visited, pheromone, city_dist):
  curr_city = visited[i][-1]  # 当前所在城市
  prob_list = []  # 可以到达城市的概率列表
  for j in range(num_city):
     if j not in visited[i]:
        prob = calculate_prob(i, curr_city, j, visited,
pheromone, city_dist)
        prob_list.append(prob)
     else:
        prob_list.append(0)
  next_city = random.choices(range(num_city),
weights=prob_list)[0]  # 根据概率选择下一个城市
```

```
  visited[i].append(next_city)  # 更新蚂蚁 i 的访问路径


# 计算蚂蚁 i 走过的路径长度：经过每个城市恰好一次并返回起点
def path_length(i, visited, city_dist):
  L = 0
  for j in range(num_city):
     curr_city = visited[i][j]
     next_city = visited[i][(j + 1) % num_city]
     L += city_dist[curr_city][next_city]
  return L


# 蚂蚁全部移动一遍后更新信息素矩阵
def update_pheromone(pheromone, visited, city_dist):
  for i in range(num_ant):
     L = path_length(i, visited, city_dist)
     for j in range(num_city - 1):
        curr_city = visited[i][j]
        next_city = visited[i][j + 1]
        pheromone[curr_city][next_city] = (1 - rho) *
pheromone[curr_city][next_city] + rho * Q / L

# 蚁群算法主体
def ant_colony(pheromone, city_dist, num_iter):
  best_path = []  # 最优路径
  best_length = float('inf')  # 最优路径长度
  for iter in range(num_iter):
    visited = [[] for i in range(num_ant)]  # 所有蚂蚁的
访问路径
    for i in range(num_ant):  # 每只蚂蚁移动一遍
      visited[i].append(random.randint(0, num_city - 1))
```

```
      while len(visited[i]) < num_city:
        ant_move(i, visited, pheromone, city_dist)
    update_pheromone(pheromone, visited, city_dist)  # 更新信息素矩阵
    for i in range(num_ant):  # 计算最优路径
      L = path_length(i, visited, city_dist)
      if L < best_length:
        best_length = L
        best_path = visited[i]
  return best_path, best_length

# 运行蚁群算法并输出结果
best_path, best_length = ant_colony(pheromone, city_dist, num_iter)
print('最短路径为：', [chr(ord('A') + i) for i in best_path])
print('最短路径长度为：', best_length)
```

结果显示：

```
最短路径为： ['D', 'E', 'A', 'B', 'C']
最短路径长度为： 19
```

程序中，列表 [3, 4, 0, 1, 2] 中的每个元素都转换成了对应的城市标识符，即 *A*、*B*、*C*、*D*、*E*，其中 chr(ord('A')+i) 表示将 ASCII 码值为 ord('A')+i 的字符转换成字符串。例如 chr(ord('A')+0) 返回的是字符 'A'，chr(ord('A')+1) 返回的是字符 'B'，以此类推。因此 chr(ord('A')+i) for i in best_path 就是将 best_path 列表中的每个元素都转换成对应的城市标识符，最终得到一个表示最短路径的字符串列表。

7.3 粒子群算法

7.3.1 基本原理

1987 年，生物学家克雷格·雷诺兹（Craig Reynolds）提出了鸟群聚集模型[1]。1990 年，生物学家弗兰克·赫普纳（Frank Heppner）也提出了类似的鸟类模型。鸟群聚集模型是一种仿生学模拟，其目的是模拟观察到的真实生物群体，如鸟群、鱼群等之间的集群行为。在这种模型中，个体通过遵守一些简单的规则来决定其自身行为和姿态，从而产生出集群行为。

在鸟群聚集模型中，个体需要避免与周围个体的碰撞，这可以通过维持一定的安全距离来实现。具体来说，当一个个体发现自己距离其最近的邻居个体的距离太近时，它会采取避让动作，偏离这个邻居的方向。避让动作可以通过直接改变自身速度或者加速度来实现。

同时，个体需要通过匹配邻域个体的速度来实现集群聚集行为。也就是说，个体的运动速度会受到邻居个体速度的影响，从而产生出类似于鸟群一起飞行的效果。这可以通过计算邻居平均速度，然后通过一定的权重系数将其与自身速度加权平均得到最终速度来实现。

鸟群聚集模型的个体行为规则相对简单，但当这些规则被集成在一起运行时，就可以通过模拟真实生物群体之间的集群行为来产生出比较复杂的模式。该模型在许多领域中有广泛的应用，

[1] Reynolds C. Flocks, Herds and Schools: A Distributed Behavioral Model. SIGGRAPH '87: Proceedings of the 14th Annual Conference on Computer Graphics and Interactive Techniques. Association for Computing Machinery, 1987.

例如人工智能、机器人控制、交通流模拟等。

1995 年，美国社会心理学家詹姆斯•肯尼迪（James Kennedy）和电气工程师罗素·埃伯哈特（Russell Eberhart）受到鸟类群体行为的启发，共同提出了粒子群优化（particle swarm optimization，PSO）算法[1]。粒子群算法通过迭代尝试改进候选解决方案来优化问题，根据粒子的位置和速度的简单数学公式，在搜索空间中移动这些粒子，也就是每个粒子的运动受到其局部已知位置的影响，但也会被引导到搜索空间中的已知位置，当其他粒子找到更好的位置时，该位置会被更新。

2001 年，詹姆斯·肯尼迪等学者出版了《群体智能》（*Swarm Intelligence*）一书，将群体智能的研究推向了一个新的高潮。粒子群算法将求解的搜索空间与鸟类空间进行类比，将每只鸟视为一个粒子，与可能解进行关联，将求解最优问题看成是模拟鸟类觅食行为。

信息共享是粒子群优化算法中的核心概念，这源于粒子们之间产生了一种共生合作行为，每个粒子都在不断地更新自身的位置和速度来搜索最优解，在每次迭代中，每个粒子都尝试在搜索空间中移动并评估其解向量的质量。每个粒子对已经寻找过空间的最佳位置具有记忆能力。同时，粒子在受到其他粒子影响的同时，还与其他粒子进行信息共享，以帮助找到更好的解。通过组合局部搜索和全局搜索，来找到问题的最优解。

在粒子群优化算法中，每个粒子都代表一个解向量，粒子群算法首先生成初始解，在可行解空间中随机初始化粒子的速度与位置。根据当前的位置和速度信息，每个粒子要更新自身的位置并计算当前解向量的质量，同时比较其与当前局部最优解和全局

[1] Kennedy J, Eberhart R. Particle Swarm Optimization. Neural Networks, 1995.

最优解，与邻近粒子进行信息交换，以获得更好的位置和速度信息。这个过程是一个不断迭代的过程，每个粒子通过与其他粒子竞争和合作，不断尝试优化自己的解向量。这就是粒子群算法的基本思想：集体的协作和共享信息，相互竞争，以寻找全局最优解。

粒子群算法是一种元启发式算法，它不对被优化的问题做出特定的假设，适用于各种类型的优化问题，并且可以搜索非常大的候选解决方案空间。此外，粒子群算法不要求优化问题是可微的，可微是经典的优化方法（如梯度下降和牛顿方法）所要求的。但粒子群算法这样的元启发式算法并不能保证找到最优解。

7.3.2 参数与流程

粒子群优化算法从提出开始至今，已经涌现出了许多基于粒子群优化的算法和改进的策略，比如基本粒子群算法，标准粒子群算法以及压缩因子粒子群算法等。

以下对基本粒子群算法展开介绍。假设在一个 n 维的空间中，存在 m 个粒子构成一个群，其中：

第 i 个粒子表示一个 n 维的向量：

$$\boldsymbol{x}_i=(x_{i1}, x_{i2}, \cdots, x_{in}), i=1,2,\cdots, m$$

第 i 个粒子移动速度也是一个 n 维的向量：

$$\boldsymbol{v}_i=(v_{i1}, v_{i2}, \cdots, v_{in}), i=1,2,\cdots, m$$

第 i 个粒子迄今为止搜到的最优解称为个体极值：

$$\boldsymbol{p}_i=(p_{i1}, p_{i2}, \cdots, p_{in}), i=1,2,\cdots, m$$

整个粒子群迄今为止搜到的最优解称为全局极值：

$$\boldsymbol{g}=(g_1, g_2, \cdots, g_{\mathrm{n}})$$

粒子群算法利用个体极值、全局极值以及如下的公式更新其速度：

$$v_{ij}(t+1)=v_{ij}(t)+c_1r_1(t)[p_{ij}(t)-x_{ij}(t)]+c_2r_2(t)[p_{gj}(t)-x_{ij}(t)]$$

式中，c_1 和 c_2 称为加速常数；r_1 和 r_2 是 [0,1] 范围内的均匀随机数，被用来增加粒子飞行的随机性；$v_{ij}\in[-v_{\max}, v_{\max}], i=1, 2, \cdots, m$ 是粒子的速度，$v_{\max}$ 是用来限制粒子速度的常数。

粒子群算法中的加速常数 c_1 和 c_2 是控制粒子速度更新的一个参数。在算法迭代过程中，粒子的速度除了受到个体和社会历史最优位置的影响外，还受到加速常数的影响，该常数控制了粒子在速度更新时受到个体历史最优位置和社会历史最优位置的影响程度。如果 c_1=0，则说明粒子自身缺乏认知能力，经验来自群体，所以收敛速度较快，但容易陷入局部最优。如果 c_2=0，则说明缺乏社会能力，个体之间不与外界有信息的交互，找到最优解的概率较低。通常可以将 c_1 和 c_2 设置为略大于 1 的数值。

上述公式等式由三部分构成，分别代表了粒子群的惯性（维持过去速度）、认知（历史经验记忆）以及协作（协同合作与知识共享）。

粒子的位置则利用如下的公式进行更新：

$$x_{ij}(t+1)=x_{ij}(t)+v_{ij}(t+1)$$

研究粒子群算法时通常会引入两个重要概念：探索和开发。探索指的是在一定程度上离开原本的搜索方向，沿新的轨迹展开搜索，具有开拓未知区域的能力，属于全局搜索的思维。开发则是在一定程度上继续原本的搜索轨迹，进行更深层次的搜索，主要针对之前探索过程中搜索到的区域。

探索存在于偏离原有优化轨迹去搜索更优解的过程中，是算法全局搜索思维体现。而开发则是利用好的解，在原有优化轨迹上继续搜索更优解，是算法局部搜索思维的体现。

如何确定局部搜索和全局搜索的比例，对于问题的解决过程至关重要。1998 年，史玉回等学者提出了带惯性权重的粒子群算法，该算法可以实现较好收敛效果，也被认为是标准粒子群算法❶。它与基本粒子群算法的区别主要体现在下面的公式：

$$v_{ij}(t+1)=wv_{ij}(t)+c_1r_1(t)[p_{ij}(t)-x_{ij}(t)]+c_2r_2(t)[p_{gj}(t)-x_{ij}(t)]$$

等式右侧第一项比基本粒子群算法的公式中多了一个惯性权重 w，实现对原来速度的调节。在算法迭代过程中，粒子的速度除了受到个体和社会的历史最优位置的影响外，还受到惯性权重的影响。惯性权重 w 越大，则全局搜索力度越大，但可能导致算法在接近最优解时震荡；权重 w 越小，则局部搜索能力越厉害，但可能会减弱全局搜索能力，并且耗费较长时间才能达到最优解。如果权重 $w=1$，则变为基本粒子群算法。

此外，在迭代的过程中可以对权重 w 进行动态调整，可以权衡全局与局部搜索能力。惯性权重反映了粒子在搜索过程中对过去的惯性作用，即控制粒子在当前速度和过去速度之间的权衡。

惯性权重通常有固定权重与时变权重两种，前者就是在迭代过程中始终保持权值不变，时变权重则是随着迭代的改变，权重也随之逐步减小，通常可以采用如下公式：

$$w=w_{\max}-\frac{(w_{\max}-w_{\min})t}{T}$$

式中，T 代表最大迭代数；t 表示当前的迭代数；$w_{\min}$ 表示最小

❶ Shi Y, Eberhart R. A Modified Particle Swarm Optimizer. Proceedings of the IEEE Conference on Evolutionary Computation, 1998: 69-73.

惯性权重；w_{max} 表示最大惯性权重。

除了上述内容外，粒子群算法还涉及种群规模、粒子的最大速度、停止准则以及边界处理等概念。

粒子群算法中的种群规模是决定算法搜索性能的一个重要因素。种群规模指的是在算法运行过程中使用的粒子个数。较大的种群规模可以提高算法搜索范围，从而更有可能发现全局最优解，但同时也会增加计算时间等，影响算法的效率。

粒子的最大速度是指在粒子进行速度更新时，速度上限的设定值。受限于最大速度的设定，粒子的速度更新不可能超过设定值。最大速度的设定对算法性能具有重要影响。较大的最大速度可以促进算法的全局搜索能力，但也容易导致粒子在搜索过程中跨越多个可能的最优解，增加算法的搜索时间和失效率；而较小的最大速度可以提高算法的局部搜索能力，但可能造成算法陷入局部最优解，影响全局搜索能力。

通常情况下常用的停止准则有最大迭代次数和最小误差阈值。前者是指当达到指定的最大迭代次数时算法停止，后者则是当误差的变化值降低到指定的最小阈值时算法停止。

在粒子群算法中，边界处理是一个重要的问题，因为粒子群算法涉及搜索空间中的移动。当粒子的位置越过问题的边界时，需要进行处理。当粒子越过问题的边界，将其速度反转，使其朝相反的方向移动。这个方法通常用于处理无约束问题的边界。有时，还可以将粒子的位置限制在问题空间的范围内，以防止粒子越过问题的边界。此外，当粒子越过问题的边界时，可以将其位置随机放置在问题空间的其他区域，这种方法适用于边界不规则或边界不确定的问题。

粒子群算法流程：

- 第 1 步：初始化，包括粒子群的种群规模、各粒子的位置

$\boldsymbol{x}_i$ 和速度 $\boldsymbol{v}_i$。

- 第 2 步：计算各粒子的适应度的值 $f(\boldsymbol{x}_i)$。
- 第 3 步：将各粒子的适应度的值 $f(\boldsymbol{x}_i)$ 与各粒子 $\boldsymbol{p}_i$ 进行比较，如果 $f(\boldsymbol{x}_i)$ 的位置较好，则将其作为当前的最好位置 $\boldsymbol{p}_i$。
- 第 4 步：将各粒子的适应度的值 $f(\boldsymbol{x}_i)$ 与各粒子 $\boldsymbol{g}$ 进行比较，如果 $f(\boldsymbol{x}_i)$ 的位置较好，则将其作为 $\boldsymbol{g}$。
- 第 5 步：迭代更新位置 $\boldsymbol{x}_i$ 和速度 $\boldsymbol{v}_i$。
- 第 6 步：进行边界条件处理。
- 第 7 步：判断算法是否满足终止条件，如果满足终止条件，则算法结束并输出结果；否则，返回第 2 步。

粒子群算法的流程如图 7-18 所示。

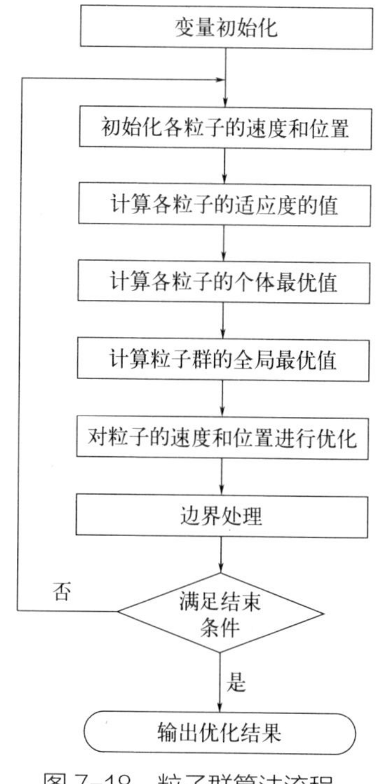

图 7-18　粒子群算法流程

7.3.3 程序代码

0-1 背包问题是指在限制了背包承重的情况下，从一系列物品中选择一些物品放入背包中，以使得被选中的物品总重量不超过背包的最大承重，并且每种物品只能选择 0 个或 1 个。

具体来说，对于该问题，有 10 种物品，它们的重量和价值分别为 w 和 v，如下所示：

$w = [23, 26, 20, 18, 32, 27, 29, 26, 30, 27]$

$v = [505,352,458,220, 354, 414, 498, 545, 473, 543]$

现有一个最大承重为 67 的背包，需要从这 10 种物品中选择一部分物品放入背包，使得背包内物品的总价值最大，应该选择哪些物品放入背包。

粒子群算法求解 0-1 背包问题的 Python 程序如下：

```
import numpy as np

# 背包最大重量限制
w_limit = 67

# 物品重量和价值向量
w = np.array([23, 26, 20, 18, 32, 27, 29, 26, 30, 27])
v = np.array([505,352,458,220, 354, 414, 498, 545, 473, 
543])

# 粒子群算法参数
N_PARTICLES = 100   # 粒子个数
N_ITERATIONS = 500  # 迭代次数
# w_max = np.sum(w)   # 最大重量（全选）

# 初始化粒子位置和速度
```

```
particles_pos = np.random.randint(2, size=(N_PARTICLES,
len(w)))   # 粒子当前位置（0/1 表示是否装入物品）
particles_vel = np.zeros((N_PARTICLES, len(w)))
# 粒子当前速度

# 初始化全局最优解和个体最优解
gbest_pos = None  # 全局最优解
gbest_val = -np.inf  # 全局最优解对应的价值
pbest_pos = particles_pos.copy()  # 个体最优解集合
pbest_val = np.zeros(N_PARTICLES) - np.inf  # 个体最优解
对应的价值

# 计算每个粒子的适应度（背包价值）并更新个体最优解
for i in range(N_PARTICLES):
   curr_w = np.sum(np.where(particles_pos[i]==1, w, 0))
# 计算当前粒子的重量
   if curr_w <= w_limit:  # 如果当前重量不超过限制，则计算
价值并更新个体最优解
      curr_v = np.sum(np.where(particles_pos[i]==1, v,
0))  # 计算当前粒子的价值
      pbest_val[i] = curr_v
      if curr_v > gbest_val:  # 更新全局最优解
         gbest_pos = particles_pos[i].copy()
         gbest_val = curr_v

# 开始迭代
for iter in range(N_ITERATIONS):
   # 更新速度和位置
   for i in range(N_PARTICLES):
      r1, r2 = np.random.rand(len(w)), np.random.
rand(len(w))  # 随机生成两个向量，用于更新粒子速度和位置
      particles_vel[i] = particles_vel[i] + r1*(pbest_
pos[i]-particles_pos[i]) + r2*(gbest_pos-particles_pos[i])
```

```
        particles_pos[i] = np.where(np.random.
rand(len(w)) < 1/(1+np.exp(-particles_vel[i])), 1, 0)

    # 更新适应度值和最优解
    for i in range(N_PARTICLES):
        curr_w = np.sum(np.where(particles_pos[i]==1, w,
0))  # 计算当前粒子的重量
        if curr_w <= w_limit:  # 如果当前重量不超过限制，则
计算价值并更新个体最优解和全局最优解
            curr_v = np.sum(np.where(particles_pos[i]==1,
v, 0))  # 计算当前粒子的价值
            if curr_v > pbest_val[i]:
                pbest_pos[i], pbest_val[i] = particles_
pos[i].copy(), curr_v
            if curr_v > gbest_val:
                gbest_pos, gbest_val = particles_pos[i].
copy(), curr_v

# 输出结果
print("最大价值为：", gbest_val)
print("所选物品编号为：", np.where(gbest_pos==1)[0]+1)
```

结果显示：

```
最大价值为： 1270
所选物品编号为： [1 4 8]
```

附录

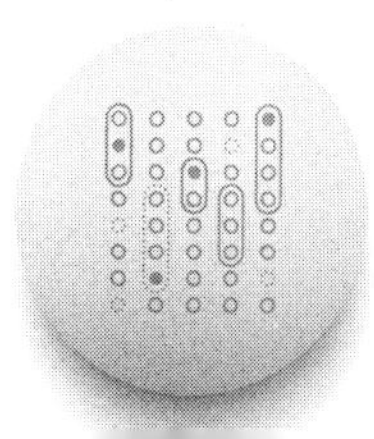

附录一　类与继承

1. 类

在 Python 中，“类”是一种面向对象编程（object-oriented programming，OOP）的概念，即将一组数据和方法封装在一起，形成一个“类”，从而创建出一个新的对象。Python 中的“类”可以看作是一种数据结构，它具有属性和方法，可以用来描述现实世界中的各种事物。

使用类的主要优点如下：

- 面向对象编程可以使程序更加模块化，可维护性更高。通过将相关数据和功能打包成类，可以更好地组织和管理代码，降低代码耦合度，提高代码复用性和可维护性。
- 类可以封装数据和方法，保护数据安全性。因为类中的数据和方法只能被类的内部方法或特定的公共方法所访问，所以可以保证数据的安全性，不受外界干扰。
- 类的继承等特性可以大大简化代码。通过类的继承，可以重复利用已有的方法和属性，减少代码的冗余，提高代码复用率。
- 类可以使代码的可读性更强。类的定义可以使得程序的实现更加直观，方便阅读和理解。

在 Python 中定义一个类，需要使用 class 关键字，如下所示：

```
class ClassName:
   def __init__(self, arg1, arg2, ...):
      self.arg1 = arg1
      self.arg2 = arg2
      ...
```

```
    def method1(self, arg1, arg2, ...):
        ...

    def method2(self, arg1, arg2, ...):
        ...
```

其中，“__init__”是一个特殊的方法（也称为构造函数），用来初始化对象的属性。在该方法中，第一个参数 self 表示创建的对象本身，后面的参数表示要传递的值。

类中的方法与普通函数非常相似，只不过在定义时需要指定一个额外的 self 参数，以便于访问对象的属性和方法。例如，在上面的代码中，定义了两个方法 method1 和 method2，它们都需要一个额外的参数 self，用来访问对象的属性和方法。

在类定义好之后，可以使用 ClassName() 的方式创建一个对象，例如：

```
obj = ClassName(arg1, arg2, ...)
```

其中，arg1、arg2 等参数是在类中定义的属性。可以通过 obj.arg1、obj.arg2 等方式访问对象的属性，调用方法也是类似的，例如：

```
obj.method1(arg1, arg2, ...)
obj.method2(arg1, arg2, ...)
```

以上就是 Python 中关于“类”的基本介绍，通过使用类，可以更加灵活地描述并操作现实世界中的各种事物。另外，Python 中还提供了一些高级特性，例如继承、多态等，可以进一步增强类的功能和灵活度。

举一个例子说明如何定义类。

假设我们要定义一个“猫”（Cat）的类，它有以下属性：

- name：猫的名字。

- gender：猫的性别。
- age：猫的年龄。

还有以下方法：

- make_sound()：发出"喵喵"的叫声。
- introduce()：介绍自己的名字、性别和年龄。

现在可以使用 Python 代码来定义这个类：

```
class Cat:
   def __init__(self, name, gender, age):
      self.name = name
      self.gender = gender
      self.age = age

   def make_sound(self):
      print('喵喵')

   def introduce(self):
      print('我叫{}，是一只{}猫，今年{}岁。'.
format(self.name, self.gender, self.age))
```

在上面的代码中，使用 class 关键字定义了一个名为 Cat 的类，其中，__init__ 方法用来初始化猫的属性，make_sound 方法用来发出叫声，introduce 方法用来介绍自己。在方法中的参数 self 表示创建的猫对象本身，通过它可以访问该猫对象的属性和方法。

接下来，可以使用这个类来创建猫的对象，并调用它的方法，例如：

```
cat1 = Cat('小白', '母', 2)
cat1.make_sound()     # 输出：喵喵
cat1.introduce()      # 输出：我叫小白，是一只母猫，今年2岁。
```

结果显示：

```
喵喵
我叫小白，是一只母猫，今年 2 岁。
```

以上就是一个简单的例子，说明了如何在 Python 中定义一个类，并使用它创建对象和调用方法。

Python 中的类继承是一种程序设计技术，它允许从已有的类派生出新的类，新的类可以继承原有类的属性和方法，并增加自己特有的属性和方法。这种技术可以在不重复编写代码的情况下，有效地扩展已有的类或实现更复杂的程序逻辑。

按照上面猫的例子，给它添加一个“英短猫”（British Shorthair）的子类，同时演示如何使用继承。

假设“英短猫”类与“猫”类有以下不同之处：

- weight：体重。
- color：毛色。
- make_sound()：发出“咕咕”的叫声。
- introduce()：介绍自己的名字、性别、年龄、体重和毛色。

现在可以使用 Python 代码来定义这个子类：

```
class BritishShorthair(Cat):
   def __init__(self, name, gender, age, weight,
color):
     super().__init__(name, gender, age)
     self.weight = weight
     self.color = color

   def make_sound(self):
     print('咕咕')

   def introduce(self):
     super().introduce()
     print('我的体重是{}千克，毛色是{}。'.format(self.
weight, self.color))
```

在上面的代码中，使用 class 关键字定义了一个名为

BritishShorthair 的子类，它继承了 Cat 类，并添加了新的属性和方法。在子类中，使用 super() 函数调用父类的 __init__ 方法，初始化继承自父类的属性，然后再添加子类自己的属性和方法。

接下来，可以使用这个子类来创建英短猫的对象，并调用它的继承自父类和子类自己的方法，例如：

```
cat2 = BritishShorthair('小黑', '公', 3, 5.2, '黑色')
cat2.make_sound()     # 输出：咕咕
cat2.introduce()      # 输出：我叫小黑，是一只公猫，今年3岁。
我的体重是5.2千克，毛色是黑色。
```

结果显示：

```
咕咕
我叫小黑，是一只公猫，今年3岁。
我的体重是5.2千克，毛色是黑色。
```

2. 继承

Python 中的类继承可以分为两种类型。

- 单继承：一个类只继承自一个父类；
- 多继承：一个类同时继承自多个父类。

单继承是最常用的继承方式，在 Python 中，它可以使用以下的语法进行实现：

```
class SubClass(ParentClass):
    # 子类的属性和方法
```

在以上的语法中，SubClass 是要定义的子类名，ParentClass 是要继承的父类名，它们之间通过圆括号连接，表示子类继承自父类。在子类中，可以定义自己特有的属性和方法，也可以重写父类的方法以实现与父类不同的行为。

下面是一个简单的例子：

```
class Person:
   def __init__(self, name, age):
      self.name = name
      self.age = age

   def say_hello(self):
      print('Hello, my name is {} and I am {} years
old.'.format(self.name, self.age))

class Student(Person):
   def __init__(self, name, age, grade):
      super().__init__(name, age)
      self.grade = grade

   def say_hello(self):
      super().say_hello()
      print('I am a student in grade {}.'.format(self.
grade))
```

在上面的例子中，定义了一个 Person 类和一个 Student 类。Student 类继承自 Person 类，并添加了一个 grade 属性和一个重写的 say_hello 方法。在子类的构造函数中，通过 super() 函数调用父类的 __init__ 方法，初始化继承自父类的属性，然后再添加子类自己的属性。

接下来，可以使用已有的类创建对象，并调用它们的方法，例如：

```
person1 = Person('Bob', 30)
person1.say_hello()    # 输出：Hello, my name is Bob and
I am 30 years old.

student1 = Student('Alice', 18, 'A')
student1.say_hello()   # 输出：Hello, my name is Alice
and I am 18 years old. I am a student in grade A.
```

从以上的输出结果可以看出，子类 Student 成功地继承了父类 Person 的属性和方法，并添加了新的属性和方法，同时还重写了父类的 say_hello 方法以实现更复杂的逻辑。

多继承是一种比较复杂的继承方式，在 Python 中，它可以使用以下的语法进行实现：

```
class SubClass(ParentClass1, ParentClass2, ...,
ParentClassN):
   # 子类的属性和方法
```

在以上的语法中，SubClass 是要定义的子类名，ParentClass1 到 ParentClassN 是要继承的多个父类名，它们之间通过逗号分隔，表示子类继承自多个父类。在子类中，可以定义自己特有的属性和方法，也可以重写父类的方法以实现与父类不同的行为。

下面是一个简单的例子：

```
class Animal:
   def __init__(self, name):
     self.name = name

   def speak(self):
     pass

class Dog(Animal):
   def speak(self):
     return 'Woof!'

class Cat(Animal):
   def speak(self):
     return 'Meow!'

class DogCat(Dog, Cat):
   pass
```

在上面的例子中，我们定义了一个 Animal 类、一个 Dog 类、一个 Cat 类和一个 DogCat 类。Dog 类和 Cat 类都继承自 Animal 类，并重写了 Animal 类的 speak 方法，分别实现了狗和猫的叫声。DogCat 类同时继承自 Dog 类和 Cat 类，没有定义任何新的属性和方法，只是继承的两个父类的方法都可以在它内部使用。

接下来，可以使用已有的类创建对象，并调用它们的方法，例如：

```
dogcat1 = DogCat('Tom')
print(dogcat1.speak())    # 输出: Woof!
```

从以上的输出结果可以看出，子类 DogCat 成功地继承了多个父类的属性和方法，并实现了自己特有的行为。值得注意的是，多继承会使代码的逻辑比较复杂，容易引起命名冲突和编程错误，需要认真仔细。

可能会有读者疑问，为什么在这个例子中输出的是“Woof！”？而不是“Meow!”？因为在 DogCat 类中，方法调用的顺序是按照其继承的父类顺序从左到右进行的，也就是先调用 Dog 类的方法，再调用 Cat 类的方法。在该例子中，由于 Dog 类排在 Cat 类的左边，所以调用的是 Dog 类的 speak 方法，因此输出的是“Woof!”，而不是“Meow!”。

如果想要输出“Meow!”，可以将 DogCat 类的定义改为：

```
class DogCat(Cat, Dog):
    pass
```

这样就先调用 Cat 类的 speak 方法，再调用 Dog 类的 speak 方法，输出的就是“Meow!”了。不过需要注意，多继承会使代码的逻辑比较复杂，容易引起命名冲突和编程错误，在应用中需要慎重使用。

附录二　人工智能的博弈基础

1. 什么是博弈

人工智能中的博弈是指将博弈论运用到人工智能领域中，利用博弈策略来实现计算机智能化。那什么是博弈论呢？博弈论是研究理性主体之间的战略互动的数学模型。它在社会科学、逻辑学、系统科学和计算机科学等各个领域都有应用。最初，它处理的是两人零和博弈，其中每个参与者的收益或损失恰好被其他参与者的收益或损失平衡。当今，博弈论适用于广泛的行为关系，它现在是涵盖人类、动物以及计算机中逻辑决策制定科学的总称。

人工智能与博弈论有着紧密的联系，因为博弈论研究的是在多个相互作用的个体之间进行决策时的最优策略，而人工智能正是在模拟人类的决策过程中寻求最优解。因此，在人工智能的研究和应用中，博弈论发挥了重要的作用，提供了一些算法和模型。

在实际应用中，人工智能和博弈论的交叉领域非常之多。例如，智能体、棋牌、游戏和推荐算法等领域都涉及了博弈思想。智能体需要通过感知外部环境和执行相应的动作来完成任务，这正是博弈论所关心的内容。在棋牌游戏中，人工智能算法可以通过学习历史数据和对手的行为来改进自己的策略，以获得更好的胜率。

“博弈”一词最早起源于古代中国，最早指的是六博和围棋两种游戏。在《论语·阳货》中，孔子曾经说过：“子曰：饱食终日，无所用心，难矣哉！不有博弈者乎？为之，犹贤乎已。”在《墨子·大取》中的“利之中取大，害之中取小也”也体现了两害相权取其轻，两利相权取其重的博弈思想。此外，东汉的《围棋赋》中也有“三尺之局兮，为战斗场”这样的描述，说明当时围棋已经具备了一些竞技的特征。

中国古代最经典的博弈思想案例要属田忌赛马，出自《史记·孙子吴起列传》。田忌经常与齐威王进行跑马比赛，田忌的三种等级的马匹与齐威王的三种等级马匹其实差距并不是很大，每次比赛双方都各下赌注，他总是输给齐威王，如附图 1 所示，于是向孙膑请教如何取胜。

对局	齐王马	田忌马	结果
1	上等+	上等−	齐王胜
2	中等+	中等−	齐王胜
3	下等+	下等−	齐王胜

附图 1　原策略

孙膑观察了田忌和齐威王的马匹后，建议在三局比赛中派出不同水平的马匹，而不是按照惯例派出同等级别的马匹，对局策略如附图 2 所示。

对局	齐王马	田忌马	结果
1	上等+	下等−	齐王胜
2	中等+	上等−	田忌胜
3	下等+	中等−	田忌胜

附图 2　对局策略

田忌决定尝试这个策略，并与齐威王再次进行比赛。第一局，田忌的下等马输给了齐威王的上等马；第二局，田忌的上等马赢了齐威王的中等马；第三局，田忌的中等马又赢了齐威王的下等马。最终，田忌以 2∶1 的成绩获胜。从而可以看到，在其他条件不变的情况下，仅仅通过改变策略，就可以反败为胜。

现代博弈论的思想起源于 1944 年数学家冯·诺依曼和经济学

家奥斯卡·摩根斯特恩合著的《博弈论与经济行为》一书[1]。现代博弈论是针对各种博弈行为的数学模型和分析工具的研究。它主要关注博弈中的最优策略、稳定局势以及均衡点等概念，旨在帮助对弈者找到一定规则下最合理的行为方式。

博弈论中涉及的一些基本要素包括：

① 参与者（两方或多方）。参与者是参与博弈的主体，通常被冠以经济学中理性人的假设。

② 策略。博弈参与者选取一组行动的方案，即策略，策略可以是单个决策或一系列决策。全部能够采取的决策的组合构成了策略集。

③ 局势。参与各方在采取行动后形成的状态被称为局势。

④ 支付。博弈参与者所获得的好处或代价，支付可以是货币化的也可以是非货币化的，也称利益、收益或回报。

⑤ 信息。博弈参与者面临的信息环境。完全信息指参与者都知道对方的策略、局势及支付等信息，而不完全信息指并非所有参与者都知道对方的策略、局势及支付等信息。

博弈可以按照多个不同的类别进行划分：

① 合作博弈和非合作博弈。合作博弈是指部分参与者可以相互合作来实现共同的目标从而获取更大的收益；而非合作博弈则是指参与者之间无法展开合作。

② 零和博弈和非零和博弈。零和博弈是指参与者的收益总和为零，即一方的收益增加会导致某方的收益减少；而非零和博弈则是指参与者的收益总和不为零。

③ 静态博弈和动态博弈。静态博弈是指所有参与者在同一时

---

[1] Neumann J, Morgenstern O, Theory of Games and Economic Behavior. Princeton: Princeton University Press, 1944.

间做出决策的博弈，或者参与方互相不知道对方的决策；而动态博弈则是指参与者采取先后顺序做出决策。

④ 完全信息博弈和不完全信息博弈：完全信息博弈是指在参与者都知道对方的策略、局势及支付等信息时的博弈；而不完全信息博弈则是指并非所有参与者都知道对方的策略、局势及支付等信息时的博弈。

2. 囚徒困境

两名寄宿学生，在学期刚开始时就一起翻墙出校打游戏，回来后被老师发现了。老师苦于没有直接的证据，只好把这两位同学分别带到了不同的办公室，先后向这两位同学提出了同样的要求：

- 假如你承认了，但是另外那位同学否认，那么你将不会受到任何惩罚，那位同学将打扫教室卫生四周；
- 假如你否认，但另外那位同学承认了，那么你将打扫教室卫生四周，那位同学将不会受到任何惩罚；
- 假如你和那位同学都否认，你俩将各打扫教室卫生一个星期；
- 假如你和那位同学都承认了，你俩将打扫校内卫生两个星期。

假如你是其中的一位同学，你会选择承认还是否认？ 摆在这两位同学面前的，就是博弈论中经典的囚徒困境(prisoner's dilemma)。

从调研的结果看，一些学生选择了否认。看来他们真的很讲“义气”，但是却不理性。什么是理性呢？经济学中的理性人是指在经济决策和行为中，假设个体采取了最大化自身利益的理性决策方式。也就是说，理性人会对自己的收益和成本进行精确计算，并在最小化成本和最大化收益之间做出权衡。

在经济学中，理性人通常会考虑到激励、交易成本、信息不对称等因素，以制定最优的决策方案。他们会评估每种选择的风险、机会成本和期望收益，并尽可能地根据市场信息来做出相应的决策，以实现利益最大化的目标。

然而，在现实生活中，人们常常受到情绪、认知偏差、信息不完备等各种因素的影响，从而导致决策失误。例如，在股票市场上，由于理性人容易被群体心态所影响，往往会出现“羊群效应”，导致市场波动剧烈。

有限理性是指当个体做出决策时，理性的能力受到了限制。在这些限制下，理性的个体会选择一个令人满意而不是最优的决策。这些限制包括决策所需的问题难度、个人认知能力以及做出决策的时间。在这种情况下，决策者会作为“满足者”，寻找一个令人满意的解决方案，而不是最优解。因此，人类并不会通过全面的成本效益分析来确定最优的决策，而是选择符合其充足标准的选项。如果没有特别的说明，本书都是基于理性人假设给出的决策。

囚徒困境揭示了为什么两个完全理性的人可能不会合作，尽管合作才是符合他们的最佳利益的结果。

1950 年，囚徒困境由梅丽尔·弗勒德（Merrill Flood）和梅尔文·德雷希尔（Melvin Dresher）在兰德公司工作时设计，后有阿尔伯特·塔克（Albert W. Tucker）将这一博弈形式化，并将其命名为“囚徒困境”。

这里我们不以警方逮捕犯罪嫌疑人举例，而是以上面两名学生所面对的囚徒困境为例，可以看到上述学生囚徒困境的支付矩阵（payoff matrix）如附图 3 所示。

学生到底应该选择哪一项策略，才能让自己个人的惩罚降至最低？两名学生因为从开始就被带到了不同的办公室，并不知道对方会做出什么选择，二人所面临的决策与局势是一样的。以学

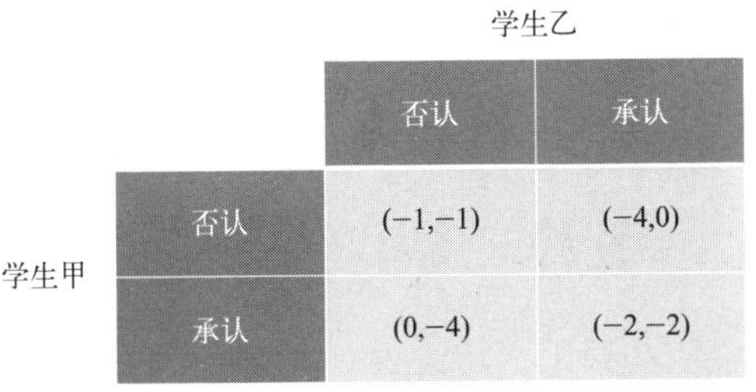

学生乙

学生甲		否认	承认
	否认	(−1,−1)	(−4,0)
	承认	(0,−4)	(−2,−2)

附图 3　囚徒困境

生甲为例，他心想如果学生乙选择否认，那么自己承认则什么惩罚也没有，否认的话则会打扫 1 周的卫生，因此选择承认；如果学生乙选择承认，则甲心想选择否认自己将会被罚 4 周的打扫卫生，而选择承认则只会被罚 2 周，因此选择承认。

也就是在上述的例子中，无论学生乙做出何种决策，对于学生甲来说，最理性的决策都是选择承认。同理，对于学生乙来说选择承认也是他最理性的选择。甲乙两名学生同时承认是一种稳定的局势。这种博弈中稳定的局势就是纳什均衡（Nash equilibrium）。

纳什均衡是以数学家约翰·纳什（John Nash）命名的一种非合作博弈中定义解决方案的最常见方式，该博弈涉及两个或多个参与者。在纳什均衡中，每个参与者被认为知道其他参与者的均衡策略，并且没有人通过单独改变自己的策略而获得任何利益。纳什证明了每个有限博弈都存在一个纳什均衡在博弈论中。

在博弈论中，占优策略（dominant strategies）是不管参与者的对手如何行动，对于该参与者来说某个策略比其他策略更好的策略。在上述学生的案例中，对于两位学生来说，“承认”就是他们的占优策略。

附录三　腾讯扣叮 Python 实验室：Jupyter Lab 使用说明

本书中展示的代码及运行结果都是在 Jupyter Notebook 中编写并运行的，并且保存后得到的是后缀名为 ipynb 的文件。

Jupyter Notebook（以下简称 jupyter），是 Python 的一个轻便的解释器，它可以在浏览器中以单元格的形式编写并立即运行代码，还可以将运行结果展示在浏览器页面上。除了可以直接输出字符，还可以输出图表等，使得整个工作能够以笔记的形式展现、存储，对于交互编程、学习非常方便。

一般安装了 Anaconda 之后，jupyter 也被自动安装了，但是它的使用还是较为复杂，也比较受电脑性能的制约。为了让读者更方便地体验并使用本书中的代码，在此介绍一个网页版的 jupyter 环境，即也就是腾讯扣叮 Python 实验室人工智能模式的 Jupyter Lab，如附图 4 所示。

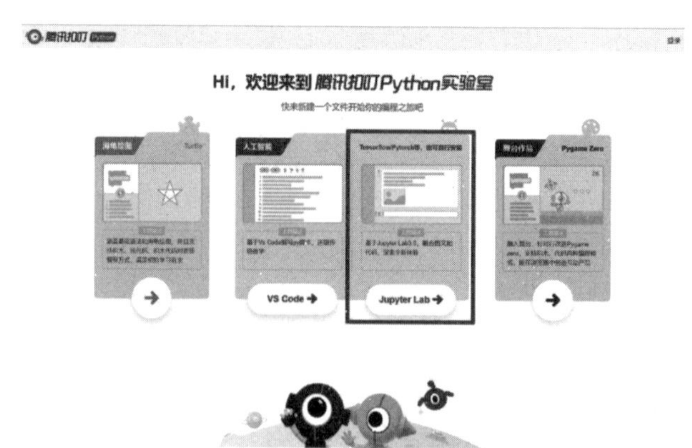

附图 4　Python 实验室欢迎页插图

人工智能模式的 Jupyter Lab 将环境部署在云端，以云端能力为核心，利用腾讯云的 CPU/GPU 服务器，将环境搭建、常见库安装等能力预先部署，可以为使用者省去不少烦琐的环境搭建时间。Jupyter Lab 提供脚本与课件两种状态，其中脚本状态主要以 py 格式文件开展，还原传统 Python 程序场景，课件状态属于 Jupyter 模式（图文 + 代码），如附图 5 所示。

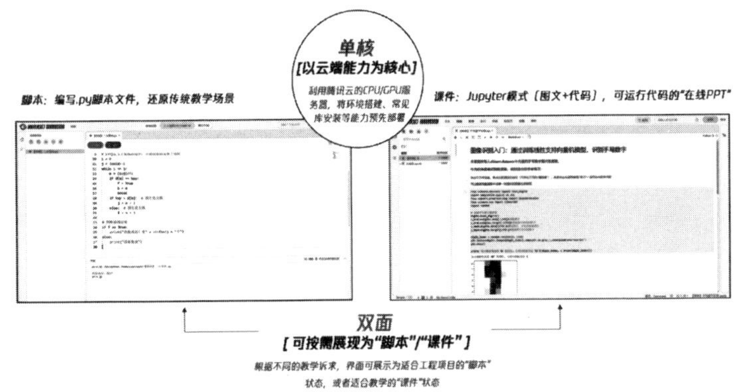

附图 5　Jupyter Lab 的单核双面

打开网址后，会看到附图 6 所示的启动页面，需要先点击右

附图 6　腾讯扣叮 Python 实验室 Jupyter Lab 启动页面

上角的登录，不需要提前注册，使用 QQ 或微信都可以扫码进行登录。登录后可以正常使用 Jupyter Lab，而且也可以将编写的程序保存在头像位置的个人中心空间内，方便随时随地登录调用。想要将程序保存到个人空间，在右上角输入作品名称，再点击右上角黄色的保存按钮即可。

在介绍完平台的登录与保存之后，接下来介绍如何新建文件、上传文件和下载文件。想要新建一个空白的 ipynb 文件，可以点击附图 7 启动页 Notebook 区域中的“Python3”按钮。点击之后，会在当前路径下创建一个名为“未命名 .ipynb”的 Notebook 文件，启动页也会变为一个新的窗口，如附图 8 所示，在这个窗口中，可以使用 Jupyter Notebook 进行交互式编程。

附图 7　启动页 Notebook 区域

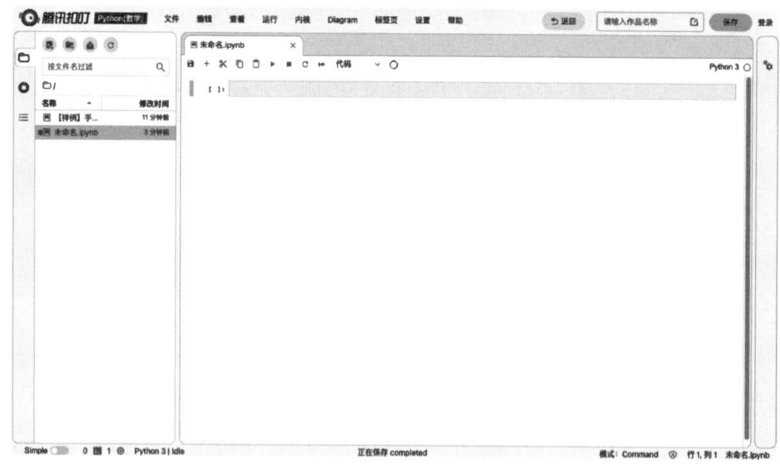

附图 8　未命名 .ipynb 编程窗口

如果想要上传电脑上的 ipynb 文件，可以点击附图 9 启动页左上方四个蓝色按钮中的第 3 个按钮：上传按钮。四个蓝色按钮的功能从左到右依次是：新建启动页、新建文件夹、上传本地文件和刷新页面。

附图 9　启动页左上方蓝色按钮

点击上传按钮之后，可以在电脑中选择想上传的 ipynb 文件，这里上传一个 SAT_3.ipynb 文件进行展示，上传后在左侧文件路径下会出现一个名为 SAT_3.ipynb 的 Notebook 文件，如附图 10 所示，但是需要注意的是，启动页并不会像创建文件一样，出现一个新的窗口，需要在附图 10 左侧的文件区找到名为 SAT_3.ipynb 的 Notebook 文件，双击打开，或者右键选择文件打开，打

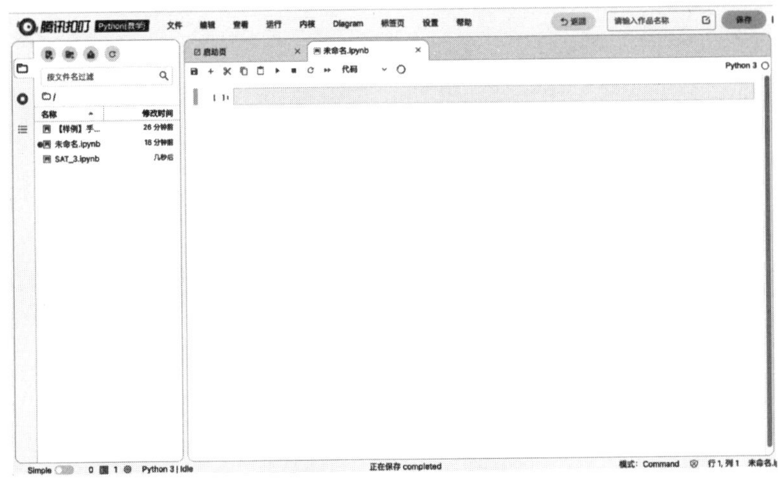

附图 10　上传文件后界面

开后会出现一个新的窗口，如附图 11 所示，可以在这个窗口中编辑或运行代码。

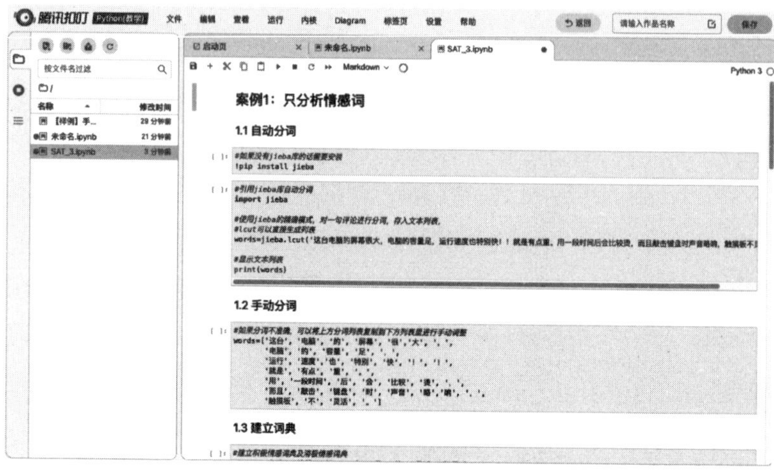

附图 11　双击打开文件后界面

想要下载文件的话，可以在左侧文件区选中想要下载的文件，然后右键点击选中的文件，会出现如附图 12 所示的指令界面，选

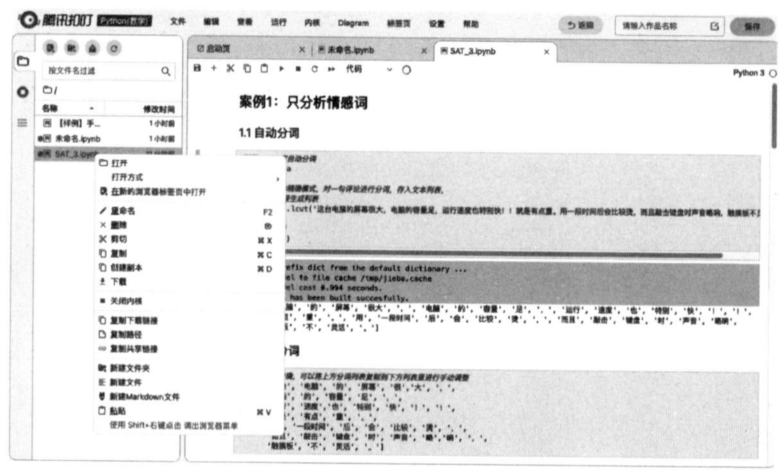

附图 12　右键点击文件后指令界面

择下载即可，如果想修改文件名称的话可以点击重命名，如果想删除文件的话可以点击删除，其他功能读者可以自行探索。

在介绍完如何新建文件、上传文件和下载文件之后，接下来介绍如何编写程序和运行程序。Jupyter Notebook 是可以在单个单元格中编写和运行程序的，这里回到未命名 .ipynb 的窗口进行体验，点击上方文件的窗口名称即可跳转。先介绍一下编辑窗口上方的功能键，如附图 13 所示，它们的功能从左到右依次是：保存、增加单元格、剪切单元格、复制单元格、粘贴单元格、运行单元格程序、中断程序运行、刷新和运行全部单元格。代码代表的是代码模式，可以点击代码旁的小三角进行模式的切换，如附图 14 所示，可以使用 Markdown 模式记录笔记。

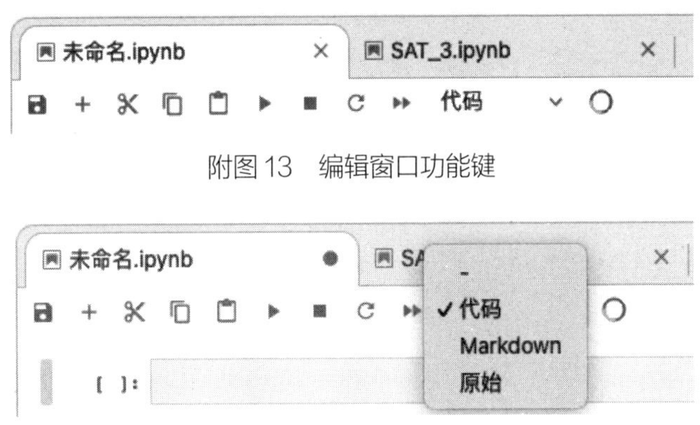

附图 13　编辑窗口功能键

附图 14　代码模式与 Markdown 模式切换

接下来在单元格中编写一段程序，并点击像播放键一样的运行功能键，或者使用“Ctrl+Enter 键”（光标停留在这一行单元格）运行，并观察一下效果，如附图 15 所示，其中灰色部分是编写程序的单元格，单元格下方为程序的运行结果。

在 jupyter 里面不使用 print() 函数也能直接输出结果，当然使用 print() 函数也没问题。不过如果不使用 print() 函数，当有多个

附图 15 单元格内编写并运行程序

输出时，可能后面的输出会把前面的输出覆盖。比如在后面再加上一个表达式，程序运行效果如附图 16 所示，单元格只输出最后的表达式的结果。

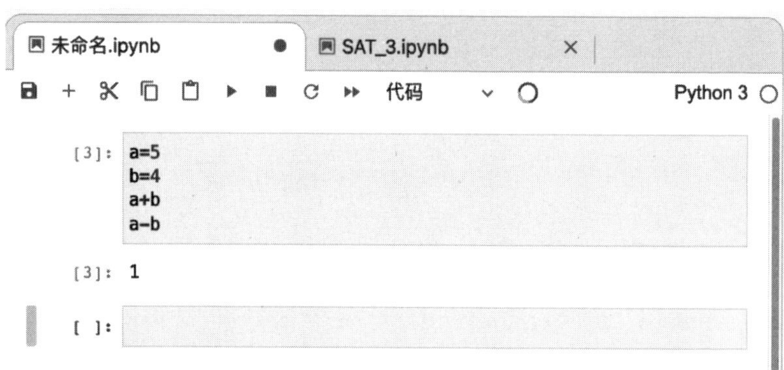

附图 16 单元格内两个表达式运行结果

想要添加新的单元格的话可以选中一行单元格之后，点击上面的“+”号功能键，这样就在这一行单元格下面添加了一行新的单元格。或者选中一行单元格之后直接使用快捷键“B 键”，会在这一行下方添加一行单元格。选中一行单元格之后使用快捷键：“A 键”，会在这一行单元格上方添加一行单元格。注意，想要选中单元格的话，需要点击单元格左侧空白区域，选中状态下单元格内是不存在鼠标光标的。单元格显示白色处于编辑模式，单元格显示灰色处于选中模式。

想要移动单元格或删除单元格的话，可以在选中单元格之后，点击上方的“编辑”按钮，会出现如附图 17 所示的指令界面，可以选择对应指令，上下移动或者删除单元格，删除单元格的话，选中单元格，按两下快捷键“D 键”或者右键点击单元格，选择删除单元格也可以。其他功能读者可以自行探索。

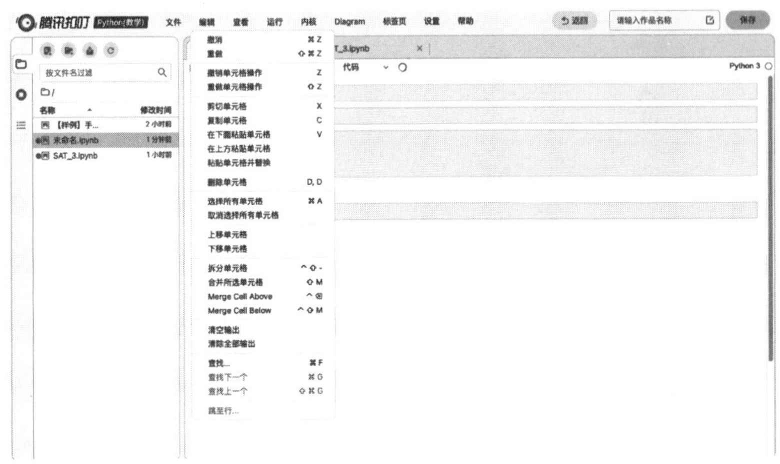

附图 17 “编辑”按钮对应指令界面

最后介绍如何做笔记和安装 Python 的第三方库，刚才介绍了单元格的两种模式：代码模式与 Markdown 模式。把单元格的代码模式改为 Markdown 模式，程序执行时就会把这个单元格当成是文本格式。我们可以输入笔记的文字，还可以通过“# 号”加空格控制文字的字号，如附图 18 与附图 19 所示。可以看到的是，在 Markdown 模式下，单元格会转化为文本形式，并根据输入的“# 号”数量进行字号的调整。

想要在 jupyter 里安装 Python 第三方库的话，可以在单元格里输入：! pip install 库名，然后运行这一行单元格的代码，等待即

附图 18　Markdown 模式单元格编辑界面

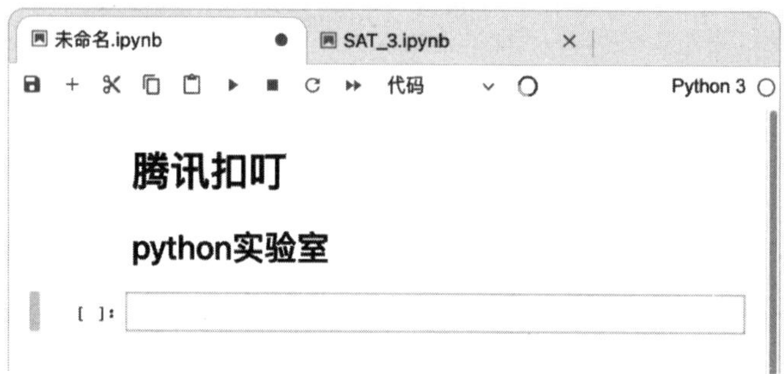

附图 19　Markdown 模式单元格运行界面

可。如附图 20 所示。不过腾讯扣叮 Python 实验室的 Jupyter Lab 已经内置了很多常用的库，读者如果在编写程序中，发现自己想要调用的库没有安装，可以输入并运行对应代码进行 Python 第三方库的安装。

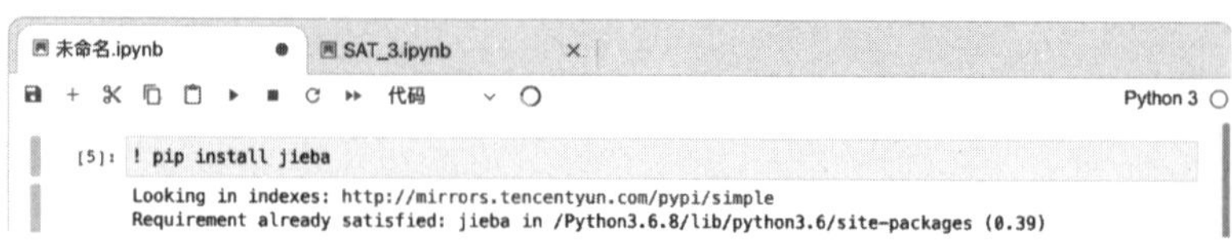

附图 20　Python 第三方库的安装